ERWIN CHARGAFF

Zeugenschaft

Essays über Sprache und Wissenschaft

KLETT-COTTA

Verlagsgemeinschaft Ernst Klett Verlag –
J. G. Cotta'sche Buchhandlung

Printed in Germany 1985
Umschlaggestaltung: Heinz Edelmann
Satz: Alwin Maisch, Gerlingen
Druck: Verlagsdruck Gerlingen

CIP-Kurztitelaufnahme der Deutschen Bibliothek

Chargaff, Erwin:
Zeugenschaft: Essays über Sprache und Wissenschaft /
Erwin Chargaff. – Stuttgart: Klett-Cotta, 1985.
ISBN 3-608-95373-6

INHALT

I

II

III

Die Kapitel 4, 5 und 7 sind in der Zeitschrift »Scheidewege« (3–4/82, Jahrg. 14/84, Jahrg. 13/83) und Kapitel 9 in der Zeitschrift »Kursbuch« (Nr. 78) erschienen, z. T. in anderer Form.

1. Vom Lesen und Schreiben

I

Manchmal mag es vorgekommen sein, daß ein kleiner Bub ein Buch in dic Hand bekommt, sein erstes, und er ist wie vom Blitz getroffen. Das Aufwachen der kindlichen Seele ist oft studiert worden, meistens leider mit höchstem wissenschaftlichen Ernst, und da kann nicht viel bei herauskommen. Denn wenn mir etwas nach vielen in der Naturwissenschaft verbrachten Jahren klar geworden ist, so ist es, daß das Subjekt des Forschers nicht sein eigenes Objekt sein kann. Forschung ist eine menschliche Aufgabe, und niemals geht sie so irre, wie wenn sie sich mit dem Menschen befaßt; außer in denjenigen Fällen, den rein materiellen, in denen wenig Unterschied ist zwischen Mensch, Tier und Pflanze. Glücklicherweise war das während meines tätigen Lebens meine Aufgabe gewesen – die Untersuchung der chemischen Zusammensetzung der Zelle und ihres chemischen Verhaltens – und so habe ich es nie bedauert, daß ich Chemiker und später Biochemiker geworden bin. Es war zu meiner Zeit ein ehrliches Gewerbe, ein Handwerk, dessen allmählich fortschreitende Verfeinerung in einem Tempo vor sich ging, das dem menschlichen Geist angemessen war. Über die Chemie und die Physik der Seele nachzudenken oder die Rolle des Netzwerks der Nerven im Fühlen und Denken des Menschen zu erforschen, habe ich als ein eher frevelhaftes Unternehmen betrachtet, als den Trick eines megalomanischen Taschenspielers, der mit flinkem Finger immer wieder das supponiert, was erst bewiesen werden muß und wahrscheinlich nicht bewiesen werden kann. Wir könnten bis zum Ende der Zeit die Zusammensetzung des Bechers untersuchen und würden doch nie herausfinden, welche Flüssigkeit in ihm enthalten ist. Um so weniger, als das Studium der Gefäßwand das Vorhandensein einer Flüssigkeit unmöglich macht: diese ist schon längst verdunstet. Ich bin, fürchte ich, das seltene Exemplar eines Naturwissenschafters, für den der Mensch unter Denkmalschutz steht.

Ich glaube nicht, daß mein erster Zusammenstoß mit einem Buch dem von mir anfangs herunterbeschworenen Blitzstrahl gleichkam. Ich hatte sehr spät angefangen zu sprechen, aber sehr früh zu lesen und zu schreiben, und soweit ich mich entsinne, war das erste von mir emsig und wiederholt durchgelesene Buch eher dazu angetan, dem spätern Würdengreis Schande zu machen. Es war eine sehr hübsch und farbig illustrierte Geschichte in Reimen von den Abenteuern eines schlimmen Affen, die damit endete, daß ein aus unbekannten Gründen in einem Ballon fliegender Araber oder Türke ihn aus der Luft fing. Der triumphierende Ausruf »Hadschi Bradschi hat ihn schon!« hat mich auf dem Rest meines Lebensweges begleitet. Allerdings war die kathartische Lösung nicht immer so zufriedenstellend und das Warten auf den endgültigen Hadschi Bradschi eher schmerzhaft.

Bald nachher kam Besseres, die schönen, meist elend verkürzten und verzerrten Geschichten, deren Verfasser es sich nicht hätten träumen lassen, daß ihre Werke, und noch dazu in einem solchen Zustand, durch viele Jahrhunderte die Jugend beglücken würden: Gulliver, Robinson Crusoe, Don Quichotte. (Den unvergleichlichen Lewis Carroll habe ich erst viel später dank meinem Sohn kennengelernt.) Was Kinder an solchen Büchern anzieht, ist nicht der Stil und sicherlich nicht die Feinheit der Gedanken und der Ironie, es ist der Stoff, der Anlaß, sich hineinzuträumen in Gestalten und Erlebnisse, welche vielen Menschen auch für ihr weiteres Leben die einzigen erinnerungswürdigen Abenteuer bleiben werden. Daher macht es nichts, daß es aus andern Sprachen übersetzte Bücher sind. Gerade was sogar in Übersetzungen erhalten bleibt, ist was Kinder brauchen.

II

Es gibt Dinge, wie eben das Erwachen der Kinderseele, die sogar die Wissenschaft, wenn man sie überhaupt dazu braucht, nur anekdotisch behandeln kann. Statistische Untersuchungen sind da völlig sinnlos, und nur die Ameise ist berechtigt, Anthropologie zu betreiben. Auch Psychologen und Linguisten sollten besser davon wegbleiben; aber wie können sie? – ist nicht das einzige, was der Wissenschaft geblieben ist, ihr Fortschritt? Außer wenn es um den Menschen als Ameise geht, helfen Kurven nur wenig. Die chemische Untersuchung der Zusammensetzung mykenischer Goldmünzen kann mich höchstens darüber belehren, was in den mykenischen Schmelztopf hineinging. Aber das Wesen von Mykenä lerne ich besser aus Anekdoten oder aus Sagen. Wenn man weiß, was aus dem Kind später geworden ist, liest man folgende Stelle aus Jean Pauls Autobiographie, die er leider als Bruchstück hinterlassen hat, nicht ohne Rührung; dieser Text findet sich in der Zweiten Vorlesung seiner »Selberlebensbeschreibung«.

> In der künftigen Kulturgeschichte unseres Helden wird es zweifelhaft werden, ob er nicht vielleicht mehr der Philosophie als der Dichtkunst zugeboren war. In frühester Zeit war das Wort Weltweisheit – jedoch auch ein zweites Wort Morgenland – mir wie eine offne Himmelpforte, durch welche ich hineinsah in lange lange Freudengärten. Nie vergeß' ich die noch keinem Menschen erzählte Erscheinung in mir, wo ich bei der Geburt meines Selbstbewußtseyns stand, von der ich Ort und Zeit anzugeben weiß. An einem Vormittag stand ich als ein sehr junges Kind unter der Hausthüre und sah links nach der Holzlege, als auf einmal das innere Gesicht, ich bin ein Ich, wie ein Blitzstral vom Himmel vor mich fuhr, und seitdem leuchtend stehen blieb: da hatte mein Ich zum erstenmale sich selber gesehen und auf ewig. Täuschungen des Erinnerns sind hier schwerlich gedenkbar, da kein fremdes Erzählen sich in eine blos im

> verhangnen Allerheiligsten des Menschen vorgefallne Begebenheit, deren Neuheit allein so alltäglichen Nebenumständen das Bleiben gegeben, mit Zusätzen mengen konnte.[1]

Später, mit 21 Jahren, sammelte Jean Paul in einem »Andachtsbüchlein« Lebensregeln zu häufigem Durchlesen, darunter »Denke immer und zweifle immer«[2]; aber den »Blitzstral vom Himmel« scheint er nicht bezweifelt zu haben. Er lebte in einer Zeit, in der Dichtung, Kunst, Musik zum Leben gehörten, wie sie es jetzt nicht mehr tun, da sie nur überflüssige und aussterbende Ornamente des Erwerbslebens geworden sind.

III

Meine erste Berührung mit Dichtung erfolgte, glaube ich, als ich die Grimmschen Märchen in die Hand bekam. Ich halte sie noch immer für bedeutende Dichtungen, und sie sind eines meiner Lieblingsbücher geblieben, obwohl die Rolle Wilhelm Grimms wahrscheinlich eher die eines geschmackvollen Arrangeurs war als die eines Dichters. Allerdings geht es mir mit dem Begriff der Dichtung ähnlich wie mit dem der Zeit: ich kann sie beide spüren und ich weiß, daß sie mich verändern; aber klar zu sagen, was sie sind, das vermag ich nicht. Nicht daß es mir an Worten, oder besser gesagt an Wörtern, fehlte, um mich endlos darüber auszubreiten; doch gibt es Begriffe – auch Liebe und Gnade gehören dazu –, vor denen nicht nur die Wörterbücher versagen. Darüber will ich noch später einiges sagen.

Viele Kinder oder junge Leute werden zum ersten Mal mit großer Dichtung in Berührung gekommen sein, als sie die Bibel lasen. Das war leider nicht mein Fall, denn ich glaube nicht, daß in meinem Elternhaus eine Bibel vorhanden war. Jedenfalls habe ich mir selbst meine erste Bibel gekauft, als ich etwa vierzehn Jahre alt war, und ich besitze sie noch, in verfallenem Zustand, eine Taschenausgabe der leider revidierten Luther-Bibel auf Dünndruckpapier.* Später, auf der Höhe meiner Latein- und Griechischkenntnisse, erstand ich auch die Vulgata und das Neue Testament auf griechisch, und ich habe oft, knirschenden Wörterbüchern zu Trotz, darin gelesen.

Lange jedoch vor der Bibel stieß ich auf andere große Gedichte, denn wenn auch mein Elternhaus jene nicht aufzuweisen hatte, so waren dafür die sogenannten Klassiker reichlich vorhanden. Es ist wahr, Heines Sämtliche Werke nahmen viel zuviel Platz ein und überschatteten die Goethe-Auswahl in sechs Bänden; aber ich las alles mit stumpfer Akribie: Goethe, Schiller, Shakespeare, Kleist, E. T. A. Hoffmann, Chamisso, und so auch Heine und Platen, die sich nur in meinem anspruchslosen Kindergehirn miteinander vertragen konnten. Auch ein Börne war darunter, und ich hatte die wunderschöne Totenrede auf Jean Paul gelesen, lange bevor ich wußte, wer dieser war, und noch länger, bevor ich Karl Kraus sie vorlesen hörte: ein für das junge Herz, das in mir schlug, schon damals treu seinen ersten Kindheitserinnerungen, unvergeßlicher Augenblick.

Da ich ihn gerade wieder erwähnt habe: Jean Paul selbst, diesen verkanntesten unter den großen Dichtern; den einzigen gültigen Gegenpapst zur deutschen Klassik; von allgemeiner Lesefaulheit und Geschmacklosigkeit in eine Humornische gedrängt, wo er neben Fritz Reuter und Wilhelm Busch kaum Platz findet; Jean Paul also habe ich erst viel später gelesen, in meiner Universitätszeit.** Auch Lichtenberg, in dessen uner-

---

* Luthers Übersetzung, eine der größten Sprachschöpfungen, sollte man im Urtext des 16. Jahrhunderts lesen. Was machen schon die paar Übersetzungsfehler, wenn man dafür dem Kreißen einer herrlichen, jetzt leider auf den Hund gekommenen Sprache beiwohnen kann?

** Es ist bezeichnend, daß es, außer der unförmigen Akademie-Ausgabe, keine allgemein erhältliche Ausgabe von Jean Pauls Briefen gibt. Die ganze Duodezmisere der deutschen Literatur und ihrer Nichtverwurzelung im Volk, die übrigens mit der Mediatisierung nicht aufhörte, sondern eher zunahm, kann man ablesen, wenn man etwa die Listen der Pléiade-Bibliothek oder der Classiques Garnier damit vergleicht, was jetzt in Deutsch-

schöpflichen Notizbüchern die deutsche Sprache sich selber dichtete, während er seiner nebensächlichen Hauptbeschäftigung oblag, habe ich erst später kennengelernt.

Was Dichtung, was ein Gedicht sein kann, habe ich schon früh zu mir genommen, aber nicht zuerst, wie ich gerne behaupten möchte, aus dem «Westöstlichen Divan«, der »Pandora« oder »König Lear«, sondern aus den Ghaselen und den Sonetten des Grafen Platen, übrigens auch eines nicht genug geschätzten Dichters. Es ist nicht unwahrscheinlich, daß es nicht nur die Reimkunst und die metrische Sauberkeit waren, die meine Bewunderung erregten, sondern auch das leicht orientalische Kolorit. Denn als eifriger Märchenleser war ich nicht nur von Grimm zu Bechstein und Andersen weitergegangen, sondern auch zur »Tausendundeinen Nacht«, und nur mein schon damals stark entwickeltes Gefühl für Lächerlichkeit verhinderte mich daran, als Hârûn al-Raschid verkleidet durch die Straßen von Czernowitz zu streifen.

Es ist schon möglich, daß ich als Kind eine *anima naturaliter poetica* besaß, aber meine wirkliche Liebe zur Dichtung und mein Verständnis dafür erwachten erst, als ich mit den Schriften von Karl Kraus bekannt wurde und seine Vortragsabende besuchte. Darüber habe ich schon in *Das Feuer des Heraklit* gesprochen.

IV

Ist Dichtung Wortkunst, so wie Musik Tonkunst oder Malerei, Zeichnung, Skulptur die Kunst der Farben, Formen, Umrisse, Massen? Ich schwanke in meiner Antwort, denn die Unterschiede sind größer als die Ähnlichkeiten. Ein Malermeister, der einen Fensterrahmen anstreicht, wird kaum mit Goya in

land leicht erhältlich ist. Ich kann d'Aubigné, Malherbe, Racan, Maynard, Théophile kaufen; wo sind die großen deutschen Barockdichter, wo ist Klopstock? Ich kann Rétif de la Bretonne kaufen; wo ist Th. G. von Hippel, wo ist Heinse? Gibt es überhaupt noch eine deutsche Literatur, gibt es noch ein lesendes Publikum?

einen Wettbewerb eintreten wollen; aber die elendste Zeitungsnotiz ist ja eine Art von Prosa, und — wer weiß ? — vielleicht ist sie manchmal eine echte Dichtung. Einer meiner Großmütter verdanke ich den weisen Ausspruch »Auch eine blinde Henne legt manchmal ein Ei«. Warum soll es also einem Zeitungsschreiber nicht gelingen? Nur würde er seine Stellung nicht lange behalten. Es gibt nämlich Leute, die ich als negative Trüffelschweine der Literatur bezeichnen möchte. Wenn die sagen, daß etwas gut sei, rühr' ich es nicht an; nennen sie etwas schlecht, so beeile ich mich, es mir zu verschaffen.

Alle Lehrbücher der Ästhetik können mir nicht helfen zu entscheiden, was eine große Dichtung ist; ich muß mich auf meinen eigenen Geschmack verlassen. Dieser wird oft unmittelbar auf ein Werk ansprechen, manchmal aber nach Vermittlung durch einen Kritiker, dessen Urteil ich hochzuschätzen gelernt habe. In meiner Jugend war dies oft der Fall, denn, wie ich schon gesagt habe, mein Kritiker war Karl Kraus. Später bin ich von ihm weggewachsen — besonders was fremde Sprachen und Literaturen angeht, die ich viel besser kenne als er —; aber im allgemeinen muß ich sagen, daß ich, was er einst gut fand, noch immer hochhalte. Für die meisten von andern geschriebenen Beiträge, die Kraus in den ersten zehn Jahren in die »Fackel« aufnahm, gilt dies leider nicht, obwohl z. B. einige Gedichte der Else Lasker-Schüler, die dort erschienen, bedeutende Dichtungen sind. Immerhin war es in der »Fackel« und in den Vortragsabenden, daß ich einen meiner Lieblingsdichter, Matthias Claudius, kennenlernte oder die »Rede des toten Christus vom Weltgebäude herab, daß kein Gott sei« — im Gymnasium quälte man uns viel eher mit »Minna von Barnhelm« oder »Wallensteins Lager«.

Wenn einer ein Bild malt oder eine Zeichnung ausführt, ist er zwar nicht ein unmittelbarer Kollege des Cézanne oder des Ingres, aber er hat sich einer Reihe zugesellt, die zu diesen und den vielen andern großen Künstlern führt. Er mag als Amateur gelten, aber wenn es ein gutes Gemälde, eine gute Zeichnung ist, unterscheidet sich sein Werk von dem eines Berufskünstlers nur durch den geringern Preis, zu dem es verkauft werden kann. Seit bildende Kunst eine Handelsware geworden ist, gibt es eine durch so etwas wie Börsennotierung gewährleistete Rangordnung. Streng genommen ist ein Künstler ein Mensch, der von seiner Arbeit leben will, ein Amateur kann oder braucht es nicht. Daß das eine niedrige Art ist, die Dinge anzusehen, bedarf keiner Betonung.

Aber wenn einer einen Brief schreibt, ist er noch lange nicht Hölderlins Kollege. Denn während Musik und die andern Künste sich technisch schwer zugänglicher Mittel bedienen, ist die Sprache, wie Karl Kraus es nicht müde wurde zu betonen, jedermanns Dienstbote. Umso riesenhafter der Sprung, der vom Sprecher zum Dichter führt. Vielleicht ist es auch gar nicht so, daß die Erhebung vom Talgrund zum Gipfel in ein und derselben Landschaft vor sich geht, und für den Dichter ist jedes Wort, auch das abgebrauchteste, eine Anadyomene, die neugeboren aus dem Schaum rätselhafter Wellen für ihn, nur für ihn, aufsteigt. So ist der Gleichklang mit der Sprache des Alltags nur scheinbar, und für den Dichter besitzt das Wort einen Oberflächenschimmer, der tiefer ist als je ein Abgrund. Der Dichter schreibt in einer Sprache, in der es keine Synonyme geben kann, und selbst wenn er Beiwörter verwendet, sind es keine Leihwörter. Er nimmt überhaupt nichts auf Borg, seine Sprache ist das Königswasser der Floskeln, und so darf sich bei ihm selbst Herz mit Schmerz reimen: es ist ein treues Herz, ein nie dagewesener Schmerz. Wenn er mogelt, ist er kein Dichter.

Auf gutes Dichten steht kein Preis: ich glaube nicht, daß ein wahrhafter Dichter jemals, sagen wir, den Nobelpreis bekommen oder auch nur von seinen dichterischen Erzeugnissen leben könnte. Einige Dramatiker und Romanschreiber mögen eine Ausnahme bilden; aber unter den mit Tantiemen Gesegneten wird es kaum viele große Dichter geben — immerhin Ibsen oder Tschechow, Dickens, Tolstoi, Hamsun, usw.

V

Als ich noch in die Schule ging, wurde einem der Gegensatz Prosa gegenüber Dichtung eingehämmert. (Fast hätte ich geschrieben »eingehämmerlingt«, denn damals galt in Österreich Robert Hamerling noch als ein Dichter.) Das ist aber überhaupt kein Gegensatz: nicht nur das Buch Hiob ist eine große Dichtung, sondern auch viele, offenkundig in Prosa geschriebene Werke, wie Augustins Bekenntnisse, Eckeharts Predigten, Pascals Gedanken, Jean Pauls Traumphantasien. Große Dichtung findet sich in »Krieg und Frieden«, »Anna Karenina«, »Bleak House«, im »Grünen Heinrich« oder im »Nachsommer«, im »Stechlin« oder in »Nostromo«. Kataloge sind langweilig, aber ich habe wahrhaftig mein Arsenal noch nicht erschöpft. Wenn man einen Gegensatz sucht, so ist es der von Prosa und Vers, aber das ist eher eine rein formale Unterscheidung, und dazu noch eine, die schon seit zweihundert Jahren in langsamer Auflösung begriffen ist. Mit dem Auftreten freier Versformen war eigentlich alles entschieden, und die Reihe, die von den »Hymnen an die Nacht« über »Gaspard de la Nuit«, »Spleen de Paris«, »Chants de Maldoror« zu den »Duineser Elegien« und »Waste Land« führt, hat mehr Zukunft in sich als diejenige, die den »Westöstlichen Divan«, die »Fleurs du Mal« und »Das Jahr der Seele« einschließt.

Selbst wenn mir all dies zugestanden wird, bleibt die Frage: was ist große Dichtung; woran erkenne ich sie; und wenn ich sie erkannt habe, was fange ich damit an? Der Antwort auf die erste Frage muß ich die paradoxe Behauptung vorausschikken, daß es in meiner Meinung nur große Dichtung gibt. Der Rest ist etwas anderes, wofür man einen andern Namen suchen muß. Die in der englischen Literaturkritik so oft angetroffene Unterscheidung zwischen »major poets« und »minor poets« halte ich für unsinnig, denn für mich beschreibt sie nur die von den Literaturprofessoren ausgeführte Messung des dichterischen Embonpoints. Die beleibteren Dichter – sechs Bände und mehr – sind »major«, die weniger rührigen Hungerleider oder Faulpelze – ein, zwei dünne Bändchen – sind »minor«. Man sollte aber die Dichter nicht danach einteilen, wieviel sie den Professoren zu tun geben. Wissenschaftliche Arbeitsbeschaffung ist nicht die hauptsächliche Aufgabe der Dichtung. Allerdings gibt es in unserer Zeit wahrscheinlich nur professionelle Leser: neue Gedichte werden von der Konkurrenz gelesen und von den Assistenzprofessoren; von jener, um die Nase zu rümpfen, von diesen aus hermeneutischeren Gründen.

Was ist große Dichtung, woran erkenne ich sie? Diese Fragen gehören zusammen, schon aus dem zynischen Grund, daß die einfachste und aufrichtigste Antwort lauten muß: Große Dichtung ist, was ich als solche erkenne. Was das Erkennen betrifft, so ist es erst spät zu meiner Kenntnis gekommen, daß das von mir seit Jahren angewendete Merkmal, eine Unterabteilung des persönlichen Geschmacks, ganz und gar nicht von mir entdeckt worden ist. Vor einiger Zeit las ich den Text eines Vortrags, den der große Altphilologe und bedeutende lyrische Dichter A. E. Housman (1859–1936) im Jahre 1933 in Cambridge hielt. Er war damals 74 Jahre alt, der Titel der Ansprache war *The Name and Nature of Poetry.*[3] Ich möchte eine Stelle (in meiner Übersetzung) hier zitieren.

> Dichtung erscheint mir in der Tat als etwas mehr Physisches als Intellektuelles. Vor ein oder zwei Jahren erhielt ich aus Amerika eine Bitte, ich solle Dichtung definieren. Ich erwiderte, daß ich Dichtung so wenig definieren könne wie ein Terrier eine Ratte; daß ich aber dächte, wir beide erkennten das Objekt durch die Symptome, die es in uns hervorruft. Eines dieser Symptome hat in einem andern Zusammenhang Eliphas von Theman beschrieben: »Und da der Geist an mir vorüberging, standen mir die Haare zu Berge an meinem Leibe.« Ich habe aus Erfahrung gelernt, auf meine Gedanken aufzupassen, wenn ich mich morgens rasiere, denn wenn eine Gedichtzeile sich in meine Gedanken stiehlt, sträubt sich meine Haut, so daß das Rasiermesser seine

Wirkung einstellt. Dabei läuft es mir kalt über den Rücken. Ein weiteres Symptom besteht darin, daß meine Kehle sich zusammenzieht und mir Wasser in die Augen tritt. Noch ein drittes Symptom kann ich am besten schildern, wenn ich einen Satz aus einem von Keats' letzten Briefen anführe; er sagt mit Bezug auf seine Verlobte: »Alles was mich an sie erinnert, durchfährt mich wie ein Speer.« Der Ort dieser Empfindung ist die Magengrube.

Manche Leser werden es vielleicht komisch finden, sich den alten Mann vorzustellen, wie er in der Pose von Berninis Heiliger Therese sich zu rasieren versucht. Andere werden es überflüssig finden, wenn ich hinzusetze, daß der soeben zitierte Eliphas von Theman im Buch Hiob vorkommt; die Stelle ist aus Kap. 4, Vers 15. Housman – seine Manilius-Ausgabe und sein erster Gedichtband »A Shropshire Lad« haben ihn berühmt gemacht – hat sicherlich viel von Dichtung verstanden; sein schmales Werk enthält manches schöne Gedicht. Für unsere der Dichtung abgeneigte, verwirrte Zeit, die, wenn sie schon Lyrik liest, die unverständlich hermetische, private Gattung vorzieht, sind Housmans Gedichte vielleicht etwas zu einfach, zu unmittelbar zum Herzen sprechend. Ich glaube jedoch, daß er sein, unser aller Schicksal, Epigonen zu sein, aufrecht und mit Würde getragen hat. Nicht nur Menschen, auch Zeiten werden alt, und wir leben in einer sehr müden Zeit.

Jedenfalls muß ich sagen, daß Housmans Methode zur Wahrnehmung großer Dichtung mehr oder weniger auch die meine ist – oder, sollte ich sagen, sie war es, denn als Urgreis wird man stumpf, und so wie meine alte chemische Nase Gestank viel eher spürt als Wohlgeruch, bin ich dem Häßlichen, Grotesken, Hassenswerten aufgeschlossener geblieben als dem Guten und Schönen, wovon es ja immer weniger gibt. Dennoch lebt die Erinnerung fort an frühere Entzückungen, und sie ist eine Stütze für den schlaffgewordenen Geschmack.

VI

Man wird mir vielleicht vorhalten, daß meine, also Housmans, Methode wertlos sei, denn mehr Menschen haben über einen Schmachtfetzen, einen Schmachfetzen, Tränen vergossen als je über Hölderlins »Patmos«. Das ist wahr, und ich werde bald darauf zurückkommen. Zuerst muß ich aber zugeben, daß es gewiß ein Nachteil der Housman-Methode ist, daß sie sich völlig auf den Geschmack des einzelnen gründet. Vielleicht ist es aber auch ein Glück, denn sonst wäre sicherlich schon jemand in Amerika auf die Idee gekommen, einen Apparat zu konstruieren, den Meisterwerkdetektor – so etwas in der Art des berüchtigten Polygraphen –, mit Hilfe dessen, durch Messung der Kehlenkontraktion und, bei den dazu Befähigten, des Bartsträubungskoeffizienten, endlich ein absoluter Standard errichtet werden könnte, mit allen der Wissenschaft so zuträglichen Kurven und Tabellen.

Selbst wenn es einen solchen Apparat gäbe, ist zu befürchten, daß auf seiner nach oben offenen Skala »Madame Butterfly« mit 125,0 registriert würde und »Così fan tutte« mit 5,8. Denn der Abstand des Geschmacks der sogenannten Elite vom sogenannten Durchschnittsgeschmack hat sich immer mehr vergrößert; ein Vorgang, der mit der Renaissance begonnen haben mag. In welchem Maße Geschmack und Erziehung zusammenhängen, kann ich nicht entscheiden; aber was Dichtung angeht, sieht es so aus, als ob jetzt nicht nur ihre Erzeugung, sondern ihr Genuß einen Grad von Erziehung erforderte, der den breiten Massen immer weniger zugänglich ist. Nicht daß die Elite gescheiter oder geschmackvoller wäre als das Volk – auch sie bejubelt meistens flüchtige Scheingrößen –; aber die Leute scheinen einfach beschlossen zu haben, daß es sich überhaupt nicht auszahlt, sich »höhere« Literatur anzusehen.

Seit man im 18. Jahrhundert anfing, sich für Volkslieder und Balladen zu interessieren, also seit den Zeiten des Bischofs Percy, Herders, Arnims, Brentanos usw., ist man gewahr geworden, was für Meisterwerke der Dichtung und der Liedkunst sich darunter befinden. Natürlich hat nicht das Volk diese Gedichte verfaßt, sondern ein einzelner Namenloser, aber das Volk hat sie aufgenommen, verbreitet, manchmal verbessert und jedenfalls am Leben erhalten. Ist diese Gabe verloren gegangen, oder werden unsere Gassenhauer und Schlager die Volkslieder der Zukunft sein?* Daß jedoch selbst Goethe auf den Ossian hineingefallen ist, zeigt, wie wacklig auch der höchste Geschmack sein kann. Nur der kluge Dr. Johnson ließ sich gleich anfangs nicht täuschen.

Daß die moderne Dichtung, Musik, bildende Kunst dem Volk völlig unzugänglich geworden sind, veranlaßte Leo Tolstoi zum Nachdenken darüber. Er gab seiner Befremdung und seinen radikalen Schlußfolgerungen Ausdruck in mehreren längeren Schriften, die ihm den Hohn der Mit- und Nachwelt eingebracht haben. Am ausführlichsten spricht er darüber in seinem Buch *Was ist Kunst?*, welches nach vieljähriger Arbeit zuerst teilweise in Journalen in von der Zensur zerhackter Form publiziert wurde, und dann vollständig in englischer Übersetzung 1898 in London erschien. Ich nehme an, daß die mir vorliegende russische Ausgabe vollständig ist, aber seltsamerweise wird das nirgends ausdrücklich erklärt.[4]

Und wirklich, möchte man sich den Spöttern nicht anschließen, wenn man auf die folgende Stelle stößt?[5] Ich übersetze:

> Nur dank den Kritikern, die in unsrer Zeit die groben, bizarren und für uns oft sinnlosen Erzeugnisse der alten Griechen in den Himmel gepriesen haben: Sophokles, Euripides, Äschylos, und besonders Aristophanes, oder die Werke der Neuen: Dante, Tasso, Milton, Shakespeare; in der Malerei – der ganze Raphael, der ganze Michelangelo

---

* Dieses Mal stelle ich nicht die bei mir so beliebte Frage, ob es überhaupt eine Zukunft geben werde. Ich bin wieder zukunftsfreudig geworden, denn soeben versichert mir Dr. Edward Teller in einem Artikel in der New York Times, daß im nächsten Nuklearkrieg ein Sechstel der Bevölkerung der Vereinigten Staaten überleben wird.

mit seinem lächerlichen »Jüngsten Gericht«; in der Musik — der ganze Bach und der ganze Beethoven in seiner letzten Periode — nur dank den Kritikern sind diese Ibsen, Maeterlinck, Verlaine, Mallarmé, Puvis de Chavannes, Klinger, Böcklin, Stuck, Schneider möglich geworden; in der Musik — diese Wagner, Liszt, Berlioz, Brahms, Richard Strauß, und diese ganze riesige Masse nichtsnutziger Nachahmer von Nachahmern.

Wahrhaftig, eine *tabula rasissima!* Und in der Tat, das war kein Mann des »Wenn« und des »Aber«; viel eher machte er aus Gold Häckerling. Im Verfolgen der Wahrheit scheute er nicht die Konsequenzen; aber nichts auf der Welt — das hat Tolstoi vielleicht nicht eingesehen — ist so wahr wie die reine Wahrheit es ist, und je lauter man sie ausschreit, desto weniger wahr wird sie. Bei ihm spielt der »narod«, das Volk, eine ähnliche Rolle wie das Proletariat beim alten Karl Marx. Man operiert mit ihm als einer Rieseneinheit, aber von innen gesehen, dort wo die Herzen schlagen, sind es unzählige Einzelne. Und die Statistik beginnt doch damit, daß sie einem jeden den Kopf abhaut und die Füße zählt.

VII

Dennoch, wenn man Tolstois Argumenten, in dem erzenen Stil ihrer Prosa, mit ihrem Dampfhammer ständiger Wiederholungen, nachgeht, wird man sehen, daß dieser große, verschrobene Alte etwas gehabt hat. Er hatte es sich nicht leicht gemacht, indem er zuerst die ganze Geschichte der Ästhetik — allerdings hauptsächlich in Form einiger Lehrbücher — durchackerte. Ich kann mir kaum langweiligere Unternehmungen vorstellen. Alle Wege führen nämlich nach Rom, aber um Rom zu erreichen, muß man sie nicht alle gegangen sein. Tolstoi aber schickt uns Ansichtskarten von allen seinen zahlreichen Stationen unterwegs.

Sogar Goethes Freund und Bewunderer, K. Ph. Moritz, kommt vor. Ich will ihn hier zitieren, denn niemand hat das Kunst- und Schönheitsideal der frühen Klassik so knapp und klar definiert wie er.

> Ein wahres Kunstwerk, eine schöne Dichtung ist etwas in sich Fertiges und Vollendetes, das um sein selbst willen da ist und dessen Wert in ihm selber und in dem wohlgeordneten Verhältnis seiner Teile liegt ...[6]

Tolstoi jedoch lehnte Schönheit, Vollendung als Kriterien großer Kunst ab. Für ihn war das Kunstwerk nicht gut, weil es schön war; es war schön, weil es gut war. Es mußte die Fähigkeit besitzen, den Betrachter, den Leser besser zu machen. Alle große Kunst war für Tolstoi eine »moralische Anstalt«. Er gebraucht einen krassen Ausdruck: große Kunstwerke müssen in der Lage sein, die Menschen zu »infizieren«, sie anzustecken mit dem Gefühl, das den Künstler beseelte, als er das Werk schuf.

> Die Aufgabe der Kunst besteht insbesondere darin, dasjenige verständlich und zugänglich zu machen, was vom Standpunkt der Vernunft unverständlich und unzugänglich sein mag. Wenn jemand einen wirklich künstlerischen Eindruck empfängt, so scheint es gewöhnlich dem Empfänger, daß er das alles auch schon früher gewußt hatte, es aber nicht ausdrücken konnte.
>
> Und so war auch immer die gute, die höchste Kunst: die Ilias, die Odyssee, die Geschichten von Jakob, Isaak, Joseph, die hebräischen Propheten, die Psalmen, die Parabeln des Evangeliums, die Geschichte Buddhas, die Hymnen der Weden – sie alle übermitteln sehr hohe Empfindungen, die trotzdem uns jetzt, ob gebildet oder ungebildet, völlig verständlich sind, und es auch damals für Leute waren, die noch weniger Bildung besaßen als unser Arbeitervolk.[7]

Solang die Kunst des Abendlandes durchtränkt war von Religion, also bis etwa zum Ende des Mittelalters, läßt Tolstoi die Kunst gelten. Aber ich habe den Eindruck, daß er sogar für jene Epochen Kunstwerke nur dann gutheißt, wenn sie anonym sind. Selbst gegen Dante hat er viel einzuwenden, hauptsächlich die Schwierigkeit ihn zu verstehen. Und wenn er vollends zu Shakespeare kommt und den Spätern, wird er ganz wild. Bei seinen Zeitgenossen macht er noch weniger Ausnahmen: einiges von Victor Hugo, Dickens und Maupassant, »Adam Bede« der George Eliot, »Onkel Toms Hütte«, Dostojewskis »Totenhaus«; aus früherer Zeit »Don Quichotte«, Molière, »Die Räuber«, Gogol, Puschkin. Seine eigenen großen Werke werden überhaupt nicht erwähnt.

Was Tolstoi mehr als alles erschütterte, war die Ausgeschlossenheit der meisten Menschen von dem, was eine kleine Minderheit als große Kunst zu betrachten bereit ist. Er zog den radikalen Schluß, daß es sich aus diesem Grunde dabei nicht um große Kunst handeln könne. Er betrachtete die Entfremdung der Massen, die schwebende Heimatlosigkeit des Künstlers als eine Tragödie. Aber konnte es anders kommen, war es je anders gewesen? Ist die Fremdheit nicht ein Teil der Größe? Hat jemals ein Zeiger seinen ruhigen Schritt tun können ohne die Unruh im Innern des Werkes? Schließlich hatte der Verlust der Naivität, den Tolstoi beklagte, schon im Paradies kurz vor der Vertreibung stattgefunden. Als ich das Buch, dieses tiefsinnig verbohrte, traurig aufschlußvolle Buch las, gewann ich den Eindruck, daß Tolstoi im hoffnungslosen Begriffe war, die Geschichte der Erbsünde zu schreiben.

VIII

Eine der Fragen, die ich im fünften Abschnitt dieses Kapitels gestellt habe, ist noch unbeantwortet geblieben. Was fange ich mit großer Dichtung, mit großer Kunst an? Die Antwort ist: nichts. Vielleicht freue ich mich darüber, vielleicht betrachte ich sie als einen Gottesbeweis. Vollkommene Kunst ist da, einfach wie die Welt, wie die Augen von Kindern. Daß Kunst den Empfänger moralisch besser macht, würde ich bezweifeln. Im besten Fall mag sie den Guten, der sie in sich aufnimmt, noch ein bißchen veredeln, aber der braucht das nicht. Den Schlechten macht sie noch gemeiner; die Tatsache, daß mancher Aufseher in einem Konzentrationslager die Reclam-Ausgabe von Hölderlins Gedichten in der Tasche trug, kauft ihn nicht los. Im Gegenteil, die Trostlosigkeit unserer Zeit wird durch die Feinfühligkeit der Folterer größer gemacht. Fleischhauer, die Blut nur sehen können, wenn es von Tintoretto gemalt ist, sind doppelt verflucht. Auch daß Genmanipulatoren gerne Barockmusik auf der Blockflöte blasen, entwertet zwar diese nicht, veredelt jene aber noch weniger. Es kommt in unsrer Zeit immer darauf an, was man an Wochentagen zwischen 8 und 18 Uhr macht.

Daß große Kunst in der Zeit des Bürgertums ein Bestandteil des Meublements der besitzenden Klassen geworden ist, hat Tolstoi klar erkannt. Er beginnt das von mir früher zitierte Buch mit einer sehr komischen Beschreibung einer Opernvorstellung, und die Schilderung des darauf verschwendeten riesigen Aufwands ist der Punkt, von dem Tolstoi den Irrteppich seiner Überlegungen aufrollt. Da sein Leben gerade in die Periode fiel, als der große Abkapselungsprozeß der Literatur und der Künste einsetzte, konnte er jedoch natürlicherweise nicht erkennen, was da im Gange war. Eine ganze Epoche war an einer Scheide angelangt, da Originalität nur mehr durch Grenzüberschreitung bekräftigt werden konnte, während Treue zur Tradition einer Verurteilung zu immer schaler werdender Nachahmung gleichkam. Außerdem war Rußland in bezug auf die Künste ein sehr junges Land, in dem die allgemeinen europäischen Traditionen länger weiterwirken konnten und sogar jetzt, und nicht nur aus politischen Gründen, noch wirksam sind.

Dennoch bleibt es bestehen: Leo Tolstoi, den ich für den größten Schriftsteller des 19. Jahrhunderts halte, hat über fast alle seit der Renaissance hervorgebrachte Dichtung, Malerei, Musik den Stab gebrochen, weil in seiner Meinung diese geistige Produktion »dem Volk« unzugänglich und unverständlich ist. Zu Tolstois Lebzeiten half man sich damit, daß man ihn für senil erklärte – in den ersten Jahren der »Fackel« erscheint er mehrmals als »der alte Tepp« –, aber so einfach ist das nicht, denn einige nach dem Erscheinen von »Was ist Kunst?« geschriebene Erzeugnisse sind erzählerische Meisterwerke (z. B. »Auferstehung«, »Hadschi Murad« usw.).

Trotzdem wage ich, dem Meister einiges entgegenzuhalten. 1) Ich denke, daß Tolstoi den Grad überschätzt, mit dem irgend jemand irgendwelche Werke der Kunst oder Dichtung »versteht«. (Schon aus diesem Grunde halte ich Interpretation für ein überflüssiges Gewerbe.) In den Wissenschaften mag die Bewunderung vom Verstehen kommen, nicht in der Kunst oder Dichtung. Wenn einer eine Gänsehaut hat, kommt das davon, daß er den Reiz empfunden, nicht »verstanden« hat. – 2) Ich denke, daß große Kunst den meisten immer unzugänglich gewesen ist, nicht nur den breiten Massen, daß aber gewisse wohlhabendere Schichten es gelernt hatten sich zu verstellen, während dem Volke, das ja immer andere Sorgen hatte, das Ganze völlig egal war. Außerdem bin ich gar nicht sicher, daß »das Volk«, hätte man ihm so viele Millionen zur Verfügung gestellt wie dem Herrn Getty, nicht ebenso schöne Bilder gekauft hätte. Das hat nichts mit Verständnis zu tun, sondern mit der dem Menschen angeborenen Affenartigkeit. – 3) Da ich bereits früher die Kunst als moralische Anstalt in Zweifel gezogen habe, glaube ich nicht, daß das Volk durch größere Zugänglichkeit der Kunst besser gemacht werden kann. Der menschliche Charakter kann nur durch Gnade oder durch sich selbst verbessert werden. Auch die qualitativ hochwertigsten Lieder und Gemälde können da nicht viel ändern. Die meisten Menschen ziehen Mist vor, und das war wahrscheinlich nie anders.

Da Tolstoi sich immer wieder auf den »narod« beruft, habe auch ich mich hier auf »das Volk« bezogen. Wenn dieses aber, wie es muß, sich in einzelne spaltet, so ist für den einzelnen alles möglich, die höchste Kunst, Schöpfung und Aufnahme. In seiner auf das große Ganze bezogenen Generalisierungswut ist Tolstoi doch ein Kind seiner Zeit gewesen, der Viktorianischen. (Die dicke Königin war neun Jahre älter als er.)

IX

Die Gunst, oder der Fluch, des Geschickes haben es mir verhängt, in verschiedenen Ländern gelebt zu haben, so daß ich mit mehreren Sprachen in Berührung gewesen bin. Fünf davon praktiziere ich, wenn nicht täglich, so doch sehr oft. Einige andere spielen eher die Rolle von Kebssprachen und bewohnen eine Art von Sprachenharem, in dem sich aufzuhalten nicht leicht ist. Seit vielen Jahrzehnten lebe ich in einem Lande, das sich einer Abart des Englischen bedient, und so sollte mir die englische Sprache am nächsten sein; sie ist es aber nicht: wer seine Muttersprache nicht loswerden will, behält sie; wer sie verliert, endet damit, überhaupt keine Sprache zu haben. Deshalb sind viele amerikanische Einwanderer nicht bilingual, sondern nullilingual. Diesem sehr traurigen Entmenschungsvorgang habe ich oft beigewohnt. Sprachenfraß ist, glaube ich, eine noch nicht formulierte Geisteskrankheit, die epidemisch werden kann. Der Überträger der Krankheit ist noch nicht identifiziert; vielleicht ist es der Dollar. Die meisten Neubildungen der sogenannten amerikanischen Sprache, die alltäglich aufschießen wie die Pilze nach einem Regen, bestehen aus Verstößen gegen den Geist des Englischen. Gewiß sehen wir da der Entstehung einer neuen Sprache zu; einer Sprache, fürchte ich, die dem Heraufschleichen des Computerzeitalters, dem Heraufgrollen des Atomzeitalters angemessen ist. Wer in New York lebt, hört eine Sprache, in der Elemente des Irischen, Jiddischen, Sizilianischen, Kreolischen usw. eine obszöne Orgie feiern. In solchem Schauderwelsch denken zu müssen ist eine vorsorglich verhängte Höllenstrafe.

Da ich am Anfang dieser Zeilen die Aufnahme von Dichtung durch den erwachenden Geist erwogen habe – eine Aufnahme, die nur mittels der Muttersprache vollzogen werden kann –, sollte ich fragen, wie es da mit andern, später erworbenen Sprachen bestellt ist. Dabei kann ich selbstverständlich nur von mir selbst sprechen. Wenn man eine fremde Sprache erlernt und in ihr zu lesen beginnt – es sind die Wonnen eines Marco Polo, eines Mungo Park –, steht man einer festen Rangordnung gegenüber, einem Kanon, der einem zwecks gefälliger Beachtung anbefohlen wird. Nicht mehr ist es der unbewußte Osmosevorgang der Jugendzeit, das Sichanschmiegen, das Emporranken rätselhafter Erinnerungen. Hier stehen sie, die Großen, oft im furchterregenden Gold ihrer Lederrüstung, ob sie nun Dante heißen oder Petrarca, Leopardi; Ronsard, Racine, Baudelaire; Shakespeare, Pope oder Keats. Mit andern Worten, man ist von Klassikern umringt, und man durchschreitet die boshaft blickende Ahnengalerie im dumpfen Gefühl, man habe kein Recht dazu. Wenn man allerdings nach einiger Zeit merkt, daß die meisten von den in die Sprachen Geborenen von ihren Rechten sehr wenig Gebrauch machen, faßt man mehr Mut. Zur gleichen Zeit kommt man zu dem Schluß, daß fast alle Klassiker überall ungelesen vermodern. Es ist nicht unmöglich, daß sie ihr prekäres Überleben überhaupt nur dem Umstand verdanken, daß es noch Mittelschulen, Colleges, Lycées gibt, wenn diese auch auf einem der letzten Löcher pfeifen.

Das Feuer, das im Spätsommer des Jahres 1914 Europa zu verwüsten begann, bezeichnete das Ende dessen, was man als die Erziehung, die Bildung, die Kunstliebe des Abendlandes betrachten konnte. Da ich damals noch ein kleiner Bub war, kann ich nicht sagen, daß ich diese bessere Zeit erlebt habe, noch auch, wie weit es selbst in bessern Zeiten damit her gewesen sein mag. Wahrscheinlich ist die Anzahl derjenigen, die sich am geistigen Leben beteiligten, immer sehr klein gewesen; inwieweit Klassenunterschiede eine entscheidende Rolle spielten, kann ich nicht beurteilen. Die blutarmen Pastorensöhne, die im 18. Jahrhundert die große Dichtung und Wissenschaft schufen, gehörten gewiß nicht der herrschenden Klasse an.*

Die sogenannten Klassikerbibliotheken, die am Anfang des vorigen Jahrhunderts in allen Ländern Europas, aber auch in Amerika, von rührigen Verlegern gegründet wurden, sind jedoch sicherlich ein Produkt des aufsteigenden Bürgertums, durchaus vergleichbar mit dem gleichzeitig entstehenden Begriff und Beruf des Fachmanns. Und dieser war es eben, der von nun an über die Zulassung des Dichters oder des Malers zum mündelsichern Pantheon zu entscheiden hatte, wobei man sich allerdings fragen mußte, woher es kam, daß Theodor Körner und Anastasius Grün Einlaß fanden, aber weder Gryphius, noch Günther oder Hölty, und selbst Claudius oder Hölderlin sehr spät.

Wenn es um das Erkennen großer Dichtung in fremden Sprachen geht, so kann ich nur von mir selbst urteilen. Lyrische Dichtung wird dem Anderssprachigen im allgemeinen schwer zugänglich sein, und ich habe lange gebraucht um zu erkennen, was Wordsworth oder Keats einem Engländer oder Puschkin und Lermontow einem Russen bedeuten konnten. Bei andern Dichtern, z. B. Donne, Pope, Blake, Racine, hatte ich keine Schwierigkeiten. Da der Geist der Sprache mit einem Gedicht viel enger verbunden ist als mit einem erzählenden oder belehrenden Text, hatte ich ursprünglich den Verdacht, daß gerade die aus dem Innersten der Sprache Dichtenden mir besonders verschlossen seien. Die vier soeben aufgezählten Namen, die für viele anderen stehen können, zeigen jedoch, daß das nicht der Fall sein kann. Bei der Aufnahme von Dichtung, sogar in der Muttersprache des Lesers, spielt der individuelle Geschmack eine entscheidende Rolle. Zum Beispiel

* Das gleiche gilt übrigens auch von den armen Emigrantenkindern, die in unserem Jahrhundert so viel zum Blühen der Naturwissenschaften in Amerika beigetragen haben.

hatte Paul Valéry eine sehr geringe Meinung von den Gedichten des Alfred de Vigny, während dieser bei andern als ein bedeutender Dichter gilt. Auch die Zeitmoden, mag man sie noch so sehr auszuschalten suchen, üben einen großen Einfluß aus.

X

Wenn mich jemand darauf hinweist, daß der Titel dieses Kapitels »Vom Lesen und Schreiben« lautet, und hinzufügt, zwischen diesen beiden Tätigkeiten bestehe doch ein sehr großer Unterschied, so kann ich das zwar nicht leugnen, muß aber beträchtliche Einschränkungen machen. Unter Lesen und Schreiben verstehe ich mehr als was ein Wörterbuch als Definitionen vorschlägt, nämlich eine Art von schöpferischem Lesen, das nicht mehr weit ist vom schöpferischen Schreiben. Es ist ein durch Denken vermitteltes Leben in der Sprache, nahe dem Urquell, daraus die Wörter entspringen. So kann ich mir sehr gut eine gänzlich analphabetische Dichtung vorstellen: eine Form, in der die alte Poesie wahrscheinlich entstanden ist. Es gibt, zum Beispiel, wunderschöne schottische und englische Balladen, die große Dichtungen sind, ohne jemals »gedichtet« worden zu sein. Auch »Des Knaben Wunderhorn« bietet viele Beispiele, leider manchmal auf volkstümlichen Hochglanz nachpoliert. Die Lyrik der germanischen Sprachen ist von dieser Volkspoesie viel mehr beeinflußt worden als die der romanischen. Dieser Einfluß auf die deutsche Lyrik des 19. Jahrhunderts hat zuerst bei der Erzeugung großer Dichtungen mitgewirkt (Brentano, Eichendorff, Mörike usw.), hat aber dann zu der Massenproduktion von etwas geführt, wofür die französische Sprache das vortreffliche unübersetzbare Wort *pastische* besitzt, und schließlich zu völliger Trivialisierung und Erschöpfung.

Es gibt natürlich zahlreiche ausgezeichnete Gründe, warum ein begeisterter und aufnahmefähiger Leser nicht zur Feder greift. Mangel an Talent hat wahrscheinlich noch niemanden davon abgehalten, wohl aber der fehlende Anlaß oder der fehlende Schubladenraum, denn zwischen Schreiben und Gedrucktwerden ist der Abstand jetzt größer als früher, und noch größer ist der Unterschied zwischen Gedruckt- und Gelesenwerden. Es gibt nämlich fast kein Publikum mehr. Das gedruckte Wort, die Literatur, ist durch die vorbeiflitzenden Schatten auf dem Bildschirm verdrängt worden. Eine einfache Berechnung: nehmen wir an, daß Sie drei Stunden am Tag dem Fernsehen widmen. Das bedeutet, daß Sie fast anderthalb Monate im Jahr darauf verwenden. Tun Sie das fünfzig Jahre lang, und Sie haben sechs einviertel Jahre Ihres Lebens vor dem ekelhaften Kästchen verbracht. Was hätten Sie in dieser Zeit nicht alles tun können! Die Spanne der Möglichkeiten ist enorm: von Massenmorden zu Meisterwerken, von großer Gelehrtheit zur Kaninchenzucht. Aber auch, wer sein kleines armes Leben sechs Jahre länger hätte verbringen dürfen in Gottes weiter Welt, einfach lebend, wieviel mehr hätte er davon gehabt! Jetzt aber sitzt er da, unablässig bespritzt vom Informations-, Unterhaltungs- und Reklamesprudel einer Trottelindustrie.

Da ich es mir zum Prinzip gemacht hatte, es nicht zu gestatten, daß man mir sage, was ich nicht hören, daß man mir zeige, was ich nicht sehen will, hatte ich viel Zeit für andere Dinge. So konnte ich es mir beibringen, gleichzeitig in zwei Sprachen zu schreiben. Eine fünfzig Jahre währende Betätigung in der naturwissenschaftlichen Forschung brachte es mit sich, daß ich mehrere Tausende von Druckseiten wissenschaftlicher Texte, aber auch Stücke allgemeinen Inhalts, auf englisch zu schreiben hatte, während das Deutsche die ganze Zeit hindurch auch nicht brachlag. Nur waren es Dinge, die wahrscheinlich nie das Licht der Druckerschwärze erleben werden. Erst viel später, als ich meinen Rücktritt nehmen mußte, hatte ich Zeit zu längern deutschen Prosatexten, und von denen ist das meiste auch gedruckt worden.

Dabei habe ich eine seltsame Beobachtung gemacht. Ich habe gerade vorher gesagt, daß ich gleichzeitig in zwei Sprachen zu schreiben vermochte. »Gleichzeitig« ist aber nicht ganz richtig, denn es stellte sich heraus, daß zur Erzeugung eines annehmbaren Textes in einer Sprache eine Art von Quarantäne, eine Aussperrung der andern Sprache, erforderlich war. Das heißt, ich kann nicht am selben Tag an einem deutschen und an einem englischen Buch arbeiten. Es ist, als ob der Geist sich in bestimmte Sprachfalten zu legen hätte, bevor die geschriebenen Sätze aufhören, holprige Übersetzungen aus der andern Sprache zu sein. Janus braucht zwei verschiedene Brillen.

Deutsch ist wuchtiger und zugleich inniger, Englisch ist geschmeidiger und zugleich witziger. Sarkasmus steht der englischen Sprache besser an, Pathos der deutschen. Deutsch ist lyrischer und verschwommener, Englisch prosaischer und konziser. Dem Engländer ist sein 18. Jahrhundert viel näher als dem Deutschen das seine. Von Swift über Johnson, Hume, Richardson, Fielding, Smollett, Sterne, Goldsmith zu Gibbon geht eine noch immer lebendige Reihe, deren Gegenstück dem Deutschen völlig fehlt. Kaum daß einiges, sehr weniges, von Lessing gelesen wird, und ein paar Aussprüche von Lichtenberg.* Bei all seiner großen dichterischen Leistung hat der Sturm und Drang, der England (und auch Frankreich) erspart blieb, das achtzehnte Jahrhundert für Deutschland vorzeitig abgeschnitten. So fehlt ihm diese gedankenreiche, nachdenkliche Siesta des europäischen Geistes.

Dieses Mangels an gegründeter Tradition, dieses Fehlens eines Spiegels, darin Reflexionen sich reflektieren können, bin ich mir immer bewußt, wenn ich deutsch schreibe. Ich habe weder das Recht noch die Absicht, ein Profil der deutschen Sprache zu versuchen, aber irgendwie habe ich immer das Gefühl gehabt, daß die Deutschen sich in ihrer Sprachhaut nie wohl gefühlt haben. Selbst der Expressionismus, wie Sturm und Drang eine deutsche Spezialität, ist ein Ausdruck dieses

* Von Frankreich ließe sich ähnliches sagen wie von England, nur müßte man da noch früher anfangen.

Mißbehagens.* Daß es in den letzten Jahrzehnten damit noch ärger geworden ist, ist angesichts der Geschichte dieser Zeit nicht verwunderlich. Es wäre verlockend – aber ich bin dem nicht gewachsen – zu erwägen, was die sozialen Ursachen waren, die der deutschen Literatur den Rückhalt im Volke, in der Gesellschaft versagten, den andere europäische Literaturen in ihren Ländern gefunden hatten. In der deutschen Sprachlandschaft stehen die großen Dichter herum wie die Idole einer Osterinsel, deren Bewohner schon längst um Einwanderung nach Amerika nachgesucht haben.

XI

Wie gut oder schlecht einer schreibt, kann er selber nicht beurteilen; und auch die spärlichen Besprechungen, die ihm, wenn er deutsch schreibt, vor die Augen kommen, werden ihm da nicht helfen. Die besten Rezensionen bestehen hauptsächlich aus Zitaten aus seinen eigenen Büchern, so daß der müde Wanderer in der Freude des Wiedersehens gar nicht weiß, ob er die Oase, in der er sich befindet, je verlassen hat; so liegt er da und erquickt sich im Schatten seiner eigenen Bäume. Da sind, von außen gesehen, andre Sprachen besser daran oder sie sind zumindest emsiger. Im Englischen gibt es allwöchentlich das »Times Literary Supplement« und die Sonntagsbeilagen einiger großen Tageszeitungen, etwa zweimal im Monat die »New York Review of Books«, die »London Review of Books«, gar nicht zu reden von den Wochen- und Monatsschriften, von denen einige sehr gute Literaturabteilungen besitzen. In Frankreich ist es damit spärlicher bestellt; immerhin gibt (oder gab) es die »Quinzaine littéraire«. Im deutschen Sprachraum, der zur Zeit der Klassik und der Romantik voller derartigen Zeitschriften war, kenne zumindest ich kein entsprechendes

* Wer hingegen André Bretons »Anthologie de l'humour noir« durchsieht, wird bemerken, wie sehr sogar der Surrealismus um Vorgänger, um eine Tradition bemüht war.

Organ. Viele der großen Rezensionen eines Macaulay oder Sainte-Beuve, eines Matthew Arnold, Francesco de Sanctis, Benedetto Croce sind noch immer in Buchform zu haben. Wer aber kümmert sich um die wichtigen Aufsätze der Brüder Schlegel, um G. G. Gervinus, Hermann Hettner? Daß die Kritik, die zu allen Zeiten in Gefahr stand, dem Cliquenwesen zu verfallen, heutzutage ein recht niedriges Niveau hat, ist eine andere Sache. Immerhin sei es zur Ehre der alten deutschen Kritik gesagt, daß Friedrich Schlegel und Gervinus die einzigen waren, die die Erinnerung an den unheilvoll verschollenen, großen Johann Georg Forster wachhielten. Es ist derselbe Forster, dem Goethes und Schillers »Xenien« noch ein paar rasche Steine ins Grab nachwarfen.

Im zehnten Abschnitt habe ich einiges über die stilistischen Unterschiede gesagt, welche die deutsche und die englische Sprache kennzeichnen. Wenn ich versuche, den genügenden Abstand von meinen eigenen Erzeugnissen zu erreichen, scheint es mir, daß meine deutschen und englischen Texte stilistisch der früher gegebenen Charakteristik entsprechen. Verglichen mit englischen Sätzen haben deutsche immer etwas Mastodontisches: man bekommt eine Zuwaage von Tiefsinn, ob man sie will oder nicht. Dafür muß man Strafe zahlen für Humor, denn unter der Feder der meisten, die es sprechen, kennt das Deutsche keinen Spaß. Dabei ist es eine der ausdrucksvollsten, wortspielreichsten Sprachen; aber wer davon Gebrauch machen will, verfällt leicht der Gefahr der Witzelei; eine Gefahr, der zum Beispiel Heines hüpfende Prosa selten entgeht. So ist Heine wahrscheinlich der Großvater des ekelhaften Wiener Feuilletons, in dem sich nichts über nichts sagen läßt, aber mit Schlagobers. Ich kenne nur einen Schriftsteller, dem es gelungen ist, sogar diese Gattung manchmal zu kleinen vollkommenen Kunstwerken zu erheben: Alfred Polgar. Wenn er ins Zimmer trat, ordneten sich die einfachsten Wörter – so wie es die Formen und Farben taten für Paul Klee – zu vielfachen Girlanden, aus deren Mustern oft viel Tiefsinn herausblickte.

Da mir der höhere stilistische Ehrgeiz immer gefehlt hat,

habe ich es auf deutsch nicht einmal versucht, der Syntax ihren grimmigen Lauf lassend; aber auf englisch, glaube ich, ist es mir hie und da, selten, gelungen, denn Englisch ist, neben vielem anderen, auch die Sprache für Skeptiker. Da es, wie ich schon einmal gesagt habe, aus zwei Fremdsprachen besteht, mit parallelem, aber nie völlig synonymem Vokabular, verfügt man über eine Sprachpalette mit einer viel größeren Anzahl von Farbtupfen als im Deutschen. Allerdings liegt in diesem Reichtum auch die Gefahr der Hypertrophie: die von lateinischen und griechischen Neologismen strotzenden Wissenschaftsjargons führen direkt zu einer tödlichen Sprachverstopfung. Besonders das Amerikanische leidet daran, wie es sich geziemt für ein Volk, das sich als den Mittelpunkt der Naturwissenschaften und der Technik betrachtet.

XII

Wer liest und schreibt, dem liegt das Schicksal des Buches am Herzen. Zumindest sollte es so sein. Nur ein alter Mensch, denke ich, kann jedoch ermessen, was in den letzten fünfzig Jahren mit dem Buch geschehen ist. In der guten alten Zeit, also lange vor meiner, sagen wir, im vergangenen Jahrhundert, war alles verhältnismäßig einfach. Die meisten Bücher kamen broschiert auf den Markt, denn es gab unzählige, vortreffliche, schnell arbeitende Buchbinder. Die französischen Romane im gelben Papierumschlag bilden eine beliebte Staffage der damaligen Belletristik; besonders in russischen Romanen liegen sie als Zeichen der Verruchtheit auf den Boudoirtischen der eleganten Damen. Englische Romane erschienen oft in reich illustrierten Lieferungen, gewöhnlich zwanzig, und erst dann dreibändig als die berühmten »threedeckers«, in der zweiten Hälfte des Jahrhunderts bereits im Verlegereinband. Deutsche Bücher hatten oft einen hübschen blaßblauen Papierumschlag. Mit der Gründerzeit kamen dann die meistens sehr geschmacklosen, reich ornamentierten Einbände.

Der Druck war eher häßlich, denn die große Tradition des 18. Jahrhunderts – Bodoni, Didot, Baskerville, Unger – hatte der zunehmenden Industrialisierung weichen müssen. In Deutschland und Österreich erhöhte der verwahrloste Frakturdruck den abstoßenden Charakter der Bücher. Erst um die Jahrhundertwende wurde das besser, zuerst in England, dann in Deutschland. Die Klassikerausgaben, die der Insel-Verlag vor dem Ersten Weltkrieg herausbrachte, gehören zu den schönsten Büchern, die ich kenne. Alles in allem waren die meisten Bücher, die in England und Deutschland im ersten Drittel unseres Jahrhunderts erschienen, sehr anständig, sowohl im Druck wie im Entwurf. In Frankreich und Italien hatte sich weniger geändert, aber der Druck war sauber, das Papier gut. Dazu kam noch, für meine Generation, die unübertreffliche Reclam-Bibliothek, in deren enormem Angebot sich das Gesicht der herrschenden Klasse von seiner besten Seite abbildete.

Da ich kein Bibliophile bin und mich für Bücher, die als Investition und nicht zum Lesen gedacht sind, nicht interessiere, kann ich über die »Luxusausgaben« – was für eine dumme Bezeichnung! – nichts sagen. Bald werden diese aber die einzigen Bücher sein, die man noch in die Hand nehmen kann. Denn das Buch, wie es mein langes Leben begleitet hat, ist tot. Es starb mit dem edlen Gewerbe des Buchdruckers. Was sich jetzt Buch nennt, ist ebenso herzlos, ebenso trostlos, wie das pastellfarbene Plastikbesteck, das man auf Flügen mit dem sogenannten Essen vorgesetzt bekommt. Obwohl sehr teuer, ist das Buch jetzt als Wegwerfprodukt entworfen. Zwar kommt es dicht verpackt in einem durchsichtigen zähen Zellglasburnus, damit man nicht nachschauen kann, ob die Hälfte der Seiten fehlt, aber innen zeigt es die Lieblichkeit einer Konsumware aus dem Supermarkt. Viele Bücher sehen jetzt aus, als hätte ein verschlafener Dissertant sie höchstpersönlich und mit einem Finger auf seinem Schreibautomaten heruntergetippt. Das ganze Zeug duftet nach *computer simulation*. Nicht lange mehr, und alle Bücher auf der Welt werden Samisdat-Ausgaben gleichen.

Dabei sind Bücher unsinnig teuer geworden. Als ich für einen »Nickel« (5 cents) in der New Yorker Untergrundbahn fahren konnte, war für das Hundertfache ein schön gedrucktes, gebundenes Buch von etwa 800 Seiten zu haben. Jetzt kostet es ungefähr das Dreihundertfache des gegenwärtigen Fahrpreises und ist häßlich und lieblos. Die auf sehr schlechtem Papier eng und blaß gedruckten Taschenbücher zerfallen, wenn man sie öffnet oder auch nur streng anschaut. Aber wer hat schon Lust darauf? Es paßt ganz zu unsrer großmäuligen Zeit, daß die Art des Bindens mittels mürben Leims von der Fachwelt »perfekt« genannt wird.

Man wird einwenden, das sei eben der technische Fortschritt, und eines meiner Lieblingswörter, Sachzwang, wird dabei fallen. Das mag sein, und ich habe es längst aufgegeben, gegen die Dummheit der Götter zu kämpfen. Aber was ich so bitter beklage, ist das Verschwinden einer edlen, Hunderte von Jahren alten Tradition.

Noch viele andere Dinge sind mit dieser Tradition zu Ende gegangen. Zum Beispiel das Recht des Autors, im Rohdruck seiner Schrift weitgehende Änderungen vorzunehmen. Im Druck, in der Fahne liest sich, was man geschrieben hat, oft ganz anders als im Manuskript, und fast jeder Schreiber möchte gerne vieles verbessern. Aber im heutigen Lichtsatz ist das viel zu kostspielig.* In diesem Zusammenhang habe ich nun, nicht durch Zufall, sondern dank emsiger Suche, zwei Dokumente vor mir liegen: eine Korrekturfahne aus Balzacs »Séraphita« [8], und zwei Fahnen der »Letzten Tage der Menschheit« von Karl Kraus [9]. In beiden Beispielen ist ein großer Teil der gedruckten Zeilen ausgestrichen und durch einen Schwarm eng geschriebener Texte ersetzt worden. Ob es bei jenem größten aller Ausstreicher, Gustave Flaubert, ähnlich zugegangen ist,

* Bei der jetzt herrschenden strengen Kostenkalkulation erscheint jeder technische Schritt fast unerschwinglich. Nur der Text selbst ist billig, und bald wird man auf ihn ganz verzichten können. Die Fabrikanten von des Kaisers neuen Kleidern werden nämlich merken, daß es noch billiger kommt, wenn man den Kaiser wegläßt.

weiß ich nicht; die Reproduktionen seiner Manuskripte zeigen jedenfalls wahre Wortschlachtfelder. Was hätten solche Schriftsteller zu unserer Art von Büchern zu sagen gehabt?

XIII

Wenn ich in den Biographien großer Dichter, Maler, Komponisten lese oder ihre Briefe und ihren Nachlaß betrachte, denke ich mir oft, wieviel Schönes auf dieser Welt in Freiheit geschaffen wurde trotz weitgehender politischer und sozialer Unfreiheit. Darin, worauf es wirklich ankommt, waren jene viel freier als wir es sind. Wir leben in einer Welt gepeitschter Sklaven, obwohl ich nicht sagen kann, wer die Peitsche hält. Tatsächlich hält sie kein einzelner, niemand, den ich mit einem Namen nennen könnte. Der Treiber hat keinen Namen, außer man sagt, die Welt, die Umstände, die Gesellschaft. Und doch sind wir ihm alle untertan, auch wenn es nur das Gitter unseres Käfigs wäre.

Ich glaube nicht, daß es in unserem Jahrhundert einen Schriftsteller gegeben hat, der die Freiheit eines Montaigne oder Diderot besessen hätte. Seit dem Zweiten Weltkrieg ist alles noch viel ärger geworden. Jetzt gibt es keine Tätigkeit, die nicht befristet wäre; nichts, was nicht einen Stichtag hätte. Der goldene Überfluß der Welt ist spurlos versickert. Und doch kann nichts Gutes auf der Welt gemacht werden ohne das Gefühl einer Freiheit, die aus dem Innern kommen muß; einem Innern, das uns verloren gegangen ist.

Brecht verhöhnte George: er sei ein Säulenheiliger. Dabei sah er nicht ein, daß es Zeiten gibt, in denen Abwendung die einzige Form der Heiligkeit ist. Später, als er älter wurde, war er selbst ein volkseigener Stylit.

Wir leben und sterben in einem Panzer von Institutionen. Von der Amniozentese bis zum Bestattungsunternehmen ist alles fachmännisch geregelt; kein erster Kindesschrei, kein letzter Totenseufzer, der nicht im Bruttosozialprodukt statistisch verarbeitet wäre. Auch das Gedicht, das Bild, die Sonate sind Produkte, allerdings nicht lebensnotwendige; man spricht von Luxuswaren.

Ich weiß genau, daß es ein Gemeinplatz ist zu sagen, das Buch sei jetzt eine Konsumware geworden. Denn was ist keine Konsumware? In einer Zeit des wahren Elends auf riesigen Kontinenten ist das Leben in den Ländern des Westens rein kulinarisch, konsumatorisch geworden; der Mensch eine Vorrichtung zum Verbrauch des Produzierten, ob dieses nun wissenschaftliches Wissen, seichtes Amüsement, verpantschtes Essen oder unnützes Reisen ist. Dichtung und Kunst, die früher immerhin das gute oder das schlechte Gewissen der Menschheit waren, ein Rückruf verlorener, unerreichbar ersehnter Sphären, sie haben sich in einen Winkel zurückgezogen, wo sie ungestört einander den Strick überreichen können, um sich daran zu erhängen. Nur die einschlägigen Fachleute nehmen noch von ihnen Kenntnis.

Es ist demnach nicht verwunderlich, daß auch das Buch dem Fortschritt, der immer mehr das Gesicht des antiken Fatums anzunehmen scheint, zum Opfer gefallen ist. Dabei ist der jetzige Zustand gewiß nur ein Übergangsstadium. Da die einzige dem Buch jetzt zugestandene Aufgabe die der Informationsvermittlung ist, wurde es zum Gegenstand einer der seltsamsten neuen Wissenschaften, der Informatik. Bücher sind bekanntlich ein von der Entwicklung längst zurückgelassener Wurmfortsatz der Datenverarbeitung, überholte Vorläufer der Software, der mit Recht so benannten »floppy discs«, denn *flop* bedeutet »Mißerfolg, Durchfall«. Das darf man aber nicht laut sagen, denn daß der Computer unsere Zukunft beherrschen wird, weiß ein jeder. Es handelt sich also nur darum, das wenige, was von den Bibliotheken erhaltungswürdig ist – vielleicht nur einige Lehrbücher und die letzten paar Jahrgänge der wissenschaftlichen Zeitschriften –, möglichst bald in die entsprechend magnetisierte Spulen- oder Plattenform zu bringen, so daß man es durch Druck auf einige Knöpfchen bei sich zu Hause auf den Schirm rufen kann. Und dann können alle Bibliotheken von Alexandria brennen soviel sie wollen.

XIV

Es kann aber auch anders kommen, denn die nicht immer so vorsichtige Volksweisheit hat mich gelehrt: Übermut / Tut selten gut. Heißt das, daß sogar das Sprichwort es offen läßt, ob Übermut nicht manchmal anzuraten sei? Gewiß hätte niemand früher die Überheblichkeit für möglich gehalten, mit der der technische und wissenschaftliche Fortschritt uns mit Gaben überhäuft, die wir nicht brauchen, und die uns oft elender zurücklassen, als wir vor der letzten Großtat der Forschung gewesen sind.

Je finsterer die Welt, um so strahlender das Wunder, auf das sie wartet. So ist es möglich, daß trotz allem Kneten, Konditionieren, Manipulieren noch genug Menschliches in den Menschen verblieben ist, um sie zurückzurufen in eine Landschaft, die sie nie hätten verlassen sollen. Sie lebten darin, als sie Kinder waren, und trugen die Phantasie als eine Tarnbrille, die ihnen die Wirklichkeit der Erwachsenen unsichtbar machte. Vielleicht werden einige davon, wenn sie aufwachsen, erkennen, daß das keine Wirklichkeit ist, für die man sterben sollte. Wenn ihre Zahl groß genug ist, werden sie die Wirklichkeit verändern. Es gibt nämlich so viele Wirklichkeiten wie es Köpfe gibt. Aber nur wenn diese sich aus dem Schraubstock unserer grauenvollen Gegenwart befreit haben – einer Gegenwart, in der das Leben bedrohlicher erscheint als der Tod –, nur dann wird es eine helle Wirklichkeit sein können; eine Wirklichkeit, in welcher der Mensch wieder ein menschenwürdiges Leben verbringen kann.

Ein glückliches Schicksal, Atropos als Tyche verkleidet, hat es mir gestattet, einen Kordon um mich zu errichten – nenne man ihn Stumpfheit, nenne man ihn Festigkeit –, der äußere Einflüsse nur gedämpft und gebrochen zu mir gelangen ließ. Wenn es einem gelingt, die bluttriefenden Marionetten, die, oben auf den Kommandobrücken unserer Welt gestikulierend, sie zu regieren vorgeben, mehr vom Standpunkt eines Amateurentomologen zu betrachten als von dem eines Mitleidenden, ist schon viel gewonnen. Das ist aber nicht genug. Erst wenn die Distanzierung einer Massenflucht zu ähneln beginnt, wird sich die Welt verändern.

Das ist das Wunder, auf das ich mein Leben lang gewartet habe. Es ist nicht eingetroffen, wahrscheinlich wird es nie eintreffen. Aber vielleicht war das Warten besser als die Erfüllung.

Anmerkungen

[1] Jean Paul, Sämmtliche Werke, Dritte Auflage, Bd. 34, S. 26 (Reimer, Berlin, 1862).

[2] ibid., S. 127.

[3] A. E. Housman, Selected Prose (Cambridge Univ. Press, 1961), S. 168.

[4] L. I. Tolstoi, Sobranie sotschinenii w dwadzati tomach (Moskau, 1964), Bd. 15, S. 44–242.

[5] ibid., S. 154.

[6] K. Ph. Moritz, Götterlehre, in *Werke,* Bd. 2, S. 612 (Hrsg. H. Günther, Insel, Frankfurt/Main, 1981).

[7] Vgl. Anmerkung 4, S. 136.

[8] Album Balzac, Pléiade (Gallimard, Paris, 1962), S. 160.

[9] L. Liegler, Karl Kraus und sein Werk (Lányi, Wien, 1920).

2. Schönheit apocalyptica: Bemerkungen über Hölderlins späte Gedichte

I

Am 27. Mai 1843, also elf Tage vor seinem Tod, schrieb Friedrich Hölderlin das folgende Gedicht [1]:

Freundschafft.

Wenn Menschen sich aus innrem Werthe kennen,
So können sie sich freudig Freunde nennen,
Das Leben ist den Menschen so bekannter,
Sie finden es im Geist interessanter.

Der hohe Geist ist nicht der Freundschafft ferne,
Die Menschen sind den Harmonien gerne
Und der Vertrautheit hold, daß sie der Bildung leben,
Auch dieses ist der Menschheit so gegeben.

Er datierte mit dem 20. Mai 1758 und unterschrieb sich, wie er es in den letzten Jahren fast immer tat, »Mit Unterthänigkeit Scardanelli«.

Fünffüßige Jamben, paarweise gereimt, die Reime weiblich wie in den meisten der letzten Gedichte. In der vierten Zeile findet sich vielleicht eines der wenigen Beispiele rhythmischer Unebenheit. »Sie *fin*den *es* im *Geist* int*e*ressa*n*ter.« Im allgemeinen zeichnen sich die spätesten Gedichte durch ihre Glattheit aus und durch die Reinheit ihrer Reime, wie schon oft bemerkt worden ist.* Das Gedicht ist gewiß nicht unter den

* Friedrich Beissner schreibt im Nachwort zu der von ihm besorgten einbändigen Ausgabe [2]: »Die spätesten Gedichte sind kaum noch dem eigentlichen Werk zuzurechnen. Sie sind in der zweiten Hälfte des Lebens geschrieben, die der Kranke ... namenlos und zeitlos verdämmerte ... Doch ist es wohl nicht ohne sinnbildliche Bedeutung, daß die Reime in diesen eintönigen Strophen von einer makellosen Reinheit sind. Es sind sogar orthographisch reine Reime, für deren Strenge es in deutscher Dichtung kein Beispiel gibt.«

besten, die Hölderlin während der Zeit seiner Schizophrenie, was immer das ist, schrieb. Ich finde jedoch die zweite Zeile schön und Zeilen 6 und 7 bemerkenswert, schon deswegen, weil eine Konstruktion mit »einer Sache hold sein« doch etwas schwierig sein sollte für einen schwer Geistesgestörten.

In der Großen Stuttgarter Ausgabe druckt Beissner neunundvierzig Texte als »Späteste Gedichte« ab, von denen die meisten abgeschlossen, einige aber fragmentarisch sind.[3] Beim Durchlesen dieser Gedichte fiel mir auf – und später fand ich einen Hinweis darauf in der Literatur[4] –, daß von diesen neunundvierzig Texten nicht weniger als achtzehn, ein gutes Drittel, mit der Konjunktion »Wenn« beginnen, also mit einem Konditionalsatz. Von den ebenfalls abgedruckten vier Stammbuchblättern aus der Krankheitszeit beginnen alle gleichfalls mit »Wenn«.* Es ist, als ob eine logische Falle immer wieder die eisernen Zähne ihrer Schlüsse bereit hielte, um sich zu schließen. Oder klammert sich der wankende Geist an den Stab sicherer Folgerungen? Auch das vorher zitierte Gedicht »Freundschafft« gehört zu den Wenn-Gedichten. Sichtlich sehnte sich der Dichter danach A zu sagen, um dann B sagen zu müssen.

In einer interessanten Studie über die Dichtung der Schizophrenen, die von Hölderlin ihren Ausgang nimmt, schreibt Navratil über die späten Gedichte:

> Unvergleichlich anders sind die späten Hymnen, Entwürfe und Bruchstücke aus der Zeit seiner Krankheit. Sie wieder weisen – wie schizophrene Sprachschöpfungen überhaupt – zwei verschiedene Arten auf: neben kitschig-schwülstigen und in ihrer Banalität fast grotesken Erzeugnissen (z. B. »Freundschaft«) stehen dichterische Aussagen von tiefer Innerlichkeit und Echtheit ...[6]

---

* Ein Blick auf das alphabetische Verzeichnis der Gedichtanfänge[5] wird zeigen, daß sehr wenige Gedichte aus andern Perioden mit dieser Konjunktion beginnen.

Als einziges Beispiel für die grotesk-banale Art wird das auch von mir anfangs zitierte, elf Tage vor dem Tod geschriebene Gedicht abgedruckt. Alle anderen, von Navratil angeführten Proben sind kurze Fragmente, die aus der Gruppe stammen, welche Beissner unter dem Titel »Pläne und Bruchstücke« zusammenfaßt.[7] Kaum eines dieser Fragmente wird aus dem Turm am Neckar gekommen sein, die meisten stammen wahrscheinlich aus der Zeit der großen Hymnen. Es sind Reste abgebrochener Versuche, den Schwall von Intuition und Assoziation, die Welle von Namen und Beziehungen, den schmerzlichen Drang zur Klärung dunkler Zusammenhänge in die Kanäle ordentlicher Rede zu lenken. Auch die Manuskripte jener Zeit – Schlachtfelder unbezähmbarer Überwältigungen – unterscheiden sich gänzlich von den glatten Widmungsblättern der Spätzeit.

Ich will zwei von diesen Fragmenten hersetzen (Nr. 50 und Nr. 67 in Beissners Numerierung [7]).

(50) Wenn über dem Weinberg es flammt
Und schwarz wie Kohlen
Aussiehet um die Zeit
Des Herbstes der Weinberg, weil
Die Röhren des Lebens feuriger athmen
In den Schatten des Weinstoks. Aber
Schön ists, die Seele
Zu entfalten und das kurze Leben

(67) Narcyssen Ranunklen und
Siringen aus Persien
Blumen Nelken, gezogen perlenfarb
Und schwarz und Hyacinthen,
Wie wenn es riechet, statt Musik
Des Eingangs, dort, wo böse Gedanken,
Liebende mein Sohn vergessen sollen einzugehen
Verhältnisse und diss Leben
Christophori   der Drache vergleicht der Natur
Gang und Geist und Gestalt.

Hier, als Gegensatz, drei Werke, die sicherlich aus den langen traurigen Jahren beim Schreinermeister Zimmer stammen.[8]

Der Kirchhof

Du stiller Ort, der grünt mit jungem Grase,
Da liegen Mann und Frau, und Kreuze stehn,
Wohin hinaus geleitet Freunde gehn,
Wo Fenster sind glänzend mit hellem Glase.

Wenn glänzt an dir des Himmels hohe Leuchte
Des Mittags, wann der Frühling dort oft weilt,
Wenn geistige Wolke dort, die graue, feuchte
Wenn sanft der Tag vorbei mit Schönheit eilt!

Wie still ist's nicht an jener grauen Mauer,
Wo drüber her ein Baum mit Früchten hängt;
Mit schwarzen thauigen, und Laub voll Trauer,
Die Früchte aber sind sehr schön gedrängt.

Dort in der Kirch' ist eine dunkle Stille
Und der Altar ist auch in dieser Nacht geringe,
Noch sind darin einige schöne Dinge,
Im Sommer aber singt auf Feldern manche Grille.

Wenn Einer dort Reden des Pfarrherrn hört,
Indess die Schaar der Freunde steht daneben,
Die mit dem Todten sind, welch eignes Leben
Und welcher Geist, und fromm seyn ungestört.

Der Frühling.

Die Sonne glänzt, es blühen die Gefilde,
Die Tage kommen blüthenreich und milde,
Der Abend blüht hinzu, und helle Tage gehen
Vom Himmel abwärts, wo die Tag' entstehen.

Das Jahr erscheint mit seinen Zeiten
Wie eine Pracht, wo Feste sich verbreiten,
Der Menschen Thätigkeit beginnt mit neuem Ziele,
So sind die Zeichen in der Welt, der Wunder viele.

Der Herbst

Die Sagen, die der Erde sich entfernen,
Vom Geiste, der gewesen ist und wiederkehret,
Sie kehren zu der Menschheit sich, und vieles lernen
Wir aus der Zeit, die eilends sich verzehret.

Die Bilder der Vergangenheit sind nicht verlassen
Von der Natur, als wie die Tag' verblassen
Im hohen Sommer, kehrt der Herbst zur Erde nieder,
Der Geist der Schauer findet sich am Himmel wieder.

In kurzer Zeit hat vieles sich geendet,
Der Landmann, der am Pfluge sich gezeiget,
Er siehet, wie das Jahr sich frohem Ende neiget,
In solchen Bildern ist des Menschen Tag vollendet.

Der Erde Rund mit Felsen ausgezieret
Ist wie die Wolke nicht, die Abends sich verlieret,
Es zeiget sich mit einem goldnen Tage,
Und die Vollkommenheit ist ohne Klage.

Die Entstehungszeit der beiden ersten hier abgedruckten Fragmente ist nicht bekannt. »Der Kirchhof« soll im Herbst 1810 geschrieben worden sein[8], also verhältnismäßig früh, »Der Frühling« in den letzten Lebensjahren, »Der Herbst« vielleicht im Jahre 1837.

Man bedarf keines besondern Feingefühls, um zu erkennen, daß die ersten zwei Beispiele sich von den drei folgenden stark unterscheiden. Jene beiden Bruchstücke entsprechen in Tonfall und Form den Hymnen und zahlreichen Entwürfen, wie »Mnemosyne« oder »Kolomb«, die Hölderlin in den letzten Jahren vor dem Zusammenbruch schrieb. Sogar das Ende des Fragments 67 ist nicht verworrener als manche Stellen in den nicht zu Ende geführten großen Gedichten. Die drei anderen, so sauber gereimten jambischen Werke gehören einer ganz verschiedenen Gattung an. Hätte man mir gesagt, die hier zitierten fünf Stücke seien von zwei verschiedenen Dichtern geschrieben, so hätte ich mit der Zuweisung nicht gezögert.

II

Wenn ich Hölderlins Gedichte aus der Zeit der Umnachtung lese, fühle ich mich veranlaßt, ein Verfahren anzuwenden, das an Orwells *doublethink* erinnert. Ich muß mir genau bewußt sein, daß sie von Hölderlin geschrieben wurden – vom Dichter von »Brot und Wein«, »Patmos«, »Hälfte des Lebens«, Hyperion, Empedokles – und gleichzeitig muß ich es völlig außer acht lassen. Ohne solche geistige Akrobatik geht es nicht. Auch ist es angeraten zu vergessen, daß die Gedichte von einem Geistesgestörten stammen. Sonst hört das ewige Gejammer nicht auf über »Hölderlin in seiner tiefsten Erniedrigung« oder das windige Gerede von dem an der Übergewalt seines Auftrags Zerbrochenen.

»Dem folgt deutscher Gesang«? Leider war der Gesang, der folgte, als Hölderlin die Feder entfiel, meistens miserabel. Überhaupt hat kein großer Dichter es so nötig wie Hölderlin, aus dem mythologischen Morast befreit zu werden, in den ihn ideologische Verkrampfung und fachmännischer Enthusiasmus versenkt haben. Er wird um so größer dastehen, je weniger man ihn als Teiresias oder Phythia schminkt. Seine Leistung, seine unglaubliche Leistung bestand darin, in die deutsche Dichtung, und sogar in die Weltliteratur, etwas seit der Griechenzeit nicht Dagewesenes einzuführen, welches die Sprache auf ein nie früher erreichtes Energieniveau erhob. Das Land der Griechen, das Hölderlin mit leidender Seele suchte, hat es natürlich nie gegeben; aber wenn ich die Intensität des Zustandegekommenen ermessen will, brauche ich es nur gegen die vergleichbaren Gedichte eines Klopstock oder Rilke zu halten.

Im neunten Band der Frankfurter Ausgabe sind alle Gedichte, die Hölderlin seit 1806 geschrieben hat, gesammelt, zusammen mit den Reproduktionen aller Manuskripte, soweit sie auf uns gekommen sind.[1] Was an diesen auffällt, ist die Glattheit der Niederschrift: nichts ist ausgestrichen, kaum ein Buchstabe verändert, fast nie ein orthographischer Fehler. Der

Tonfall ist immer der gleiche, es ist derselbe Mensch, der die Gedichte geschrieben hat; aber sie enthalten kaum Wiederholungen. Wenn er in geeigneter Stimmung ist und ein Besucher ihn dazu auffordert, tritt er ans Pult, und die Worte fließen aus einem rätselhaften Speicher. Es ist, als ob sie sich von sich selbst aus zu geheimnisvollen Beziehungen, aber makellosen Reimen fügten, ohne das Zutun eines verwirrten Intellekts. Wenn dieser jedoch, in seltenen Fällen, seine Rechte zu wahren versucht, kommt das heraus, was Navratil kitschig-schwülstig oder grotesk-banal nennt. Im kranken Dichter dichtet ein andrer, fremder Dichter, der erst durch die Krankheit frei geworden ist. Ob dieser stille Fremdling wirklich jemals triviale Sätze geschrieben hat, möchte ich offenlassen. Es ist wahr, er scheint nur die Oberfläche abzutasten; aber so erscheint sie ihm eben. Gedichte sind ja keine Lehrbehelfe. Was man aus ihnen lernen kann, ist nur, daß es Gedichte gibt.

Ich gebe es zu: wenn man diese Texte zum ersten Mal liest, stößt man auf manche Sätze, die einem bedenklich erscheinen mögen. Unter den vier von mir abgedruckten Gedichten z. B. der Satz: »Das Leben ist den Menschen so bekannter, / Sie finden es im Geist interessanter.« Manchmal springt ein Vers heraus und erschreckt, indem er nicht hinzugehören scheint; so die vierte Zeile im sonst sehr schönen Gedicht »Der Ruhm«: »Es geht der Mensch zu Fuße oder reitet.«[9] Wenn aber jemand ausruft »Und das hat der Dichter von ›Hälfte des Lebens‹ geschrieben!«, muß ich, meine früher ausgesprochene Warnung mißachtend, antworten: »Doch, es ist so.« Alle späten Gedichte Hölderlins sind wie aus *einem* Stück geschnitten – Betrachtung der Welt von einem, der sie verlassen hat –; und wenn ich es mir nicht erklären kann, wie es gekommen ist, will ich es den vielen Rätselhaftigkeiten zuzählen, inmitten deren ich lebe.

III

Ein Wahnsinniger – anfangs hatte er Tobsuchtsanfälle, in deren einem er sein Klavier zertrümmerte – jetzt ist er friedlicher geworden, aber noch immer ist er schmutzig und hat schwarze Hände, denn wenn er in seinem Freiluftkäfig, dem »Zwinger«, spazierengeht, muß er das Gras aus der Erde reißen. Dieser Mann geht zum Tisch und schreibt milde helle Gedichte, deren Stimmung mich oft an die Musik der »Schöpfung« oder der »Jahreszeiten« gemahnt. Die meisten davon sind wahrscheinlich nicht erhalten geblieben, aber es ist noch genug übrig, um Staunen zu erregen.

Manchmal, wenn ich Hölderlins späte Gedichte las, fragte ich mich, ob sie in Inhalt und lyrischem Duktus anderen Schöpfungen ähnelten. Viel ist mir nicht eingefallen. Seine eigenen frühen Gedichte, ganz unter dem Einfluß zuerst Klopstocks und dann Schillers, sind jedenfalls völlig verschieden. Hingegen gibt es Verse aus der Barockzeit, die, obwohl ich die Ähnlichkeiten nicht übertreiben will, in mancher Hinsicht an das Spätwerk erinnern. Ich möchte hier einige Strophen von Paul Fleming [10] und B. H. Brockes [11] zitieren. Leider habe ich von jenem nur den »normalisierten« Text zur Hand.

Aus »Der Frühling« von Fleming

Der Winter ist vorbei, der Feind der bunten Auen
Und aller Blumen Tod; was Juno kann beschauen
Auf diesem breiten Rund, ist alles Jammers frei,
Der von der Kälte war. Der Winter ist vorbei;

Der angenehme Lenz ist itzt schon angekommen,
Hat jenem alle Macht und Leidsein abgenommen
Und gar von uns verweist. Der liebe Freund der Lust
Hat von der Erden Müh' und Übel wohl gewußt . . .

Aus »Der Herbst« von Brockes

Der welken Blätter Pracht vermehrt sich überall,
Vergnügt und schreckt zugleich, ergetzet und betrübet,
Weil sie vom künft'gen Frost und ihrem nahen Fall
Uns einen traurigen, doch schönen Eindruck giebet.

Die Ähnlichkeit ist zugegebenermaßen nicht groß. Wie könnte sie es sein? Hölderlin hatte wahrscheinlich wenig von dieser Literatur gekannt.* In der Wahl seiner Gegenstände – sehr häufig Jahreszeitengedichte – hat er jedoch eine alte Gepflogenheit fortgesetzt, es sei denn, daß es immer die Besucher waren, die den Gegenstand vorschlugen. Jedenfalls habe ich den Eindruck, daß die Gedichte in manchem den Ton des frühen achtzehnten Jahrhunderts besitzen. Wollte man die Untersuchung auf andere Sprachen ausdehnen, so ließen sich noch manche, und vielleicht sogar größere, Ähnlichkeiten nachweisen.

Bevor diese Zeilen eine andre Richtung einschlagen, möchte ich noch einmal das vorher abgedruckte Gedicht »Der Kirchhof« betrachten. Zuerst und auf die Gefahr hin, einer fixen Idee beschuldigt zu werden, kann ich es nicht unterlassen darauf hinzuweisen, daß von zwanzig Zeilen vier mit »Wenn« beginnen. Es ist ein schönes, stilles Gedicht, besonders in seinen ersten drei Strophen. Die wunderbare Stelle von der »geistigen Wolke, der grauen, feuchten« (Z. 7) wird diphthongisch aufgenommen und zu einem herrlichen Akkord gefügt in den folgenden Zeilen 9 bis 11: in Z. 9: graue Mauer; in Z. 10: Baum; in Z. 11: tauigen, Laub voll Trauer. Wahrhaftig eine sanfte und hoffnungsvolle Klagesymphonie; und der überhängende Baum mit seinen schwarzen tauigen Früchten, ist es

* Allerdings findet sich in einem eher unzuverlässigen Bericht eines Pfarrers Diefenbach über seinen Besuch bei Hölderlin im Jahre 1838 die Mitteilung, Hölderlin lese »einige Dichter des vorigen Jahrhunderts«, nämlich Uz, Zachariae, Cramer, Gleim, Cronegk und besonders Klopstock.[12] Von einem spätern Besucher werden auch Hagedorns Gedichte erwähnt.[13]

der Holunder, der Holder, der des Dichters Namen prägte? Ich kenne übrigens nicht viele lyrische Schöpfungen, in denen der Wohlklang der deutschen Umlaute und Diphthonge und ihre Wechselwirkungen als architektonisches Prinzip so weise und behutsam ausgenutzt worden wären wie in den späten Werken Hölderlins. Darüber und über andere Aspekte des Werks der Krankheitszeit findet sich vieles von großem Interesse bei Jakobson.[14]

IV

Soeben habe ich die Wörter »weise und behutsam« verwendet. Adjektive, die man im allgemeinen kaum auf einen schwer Geistesgestörten anwenden wird. Obwohl, was ich jetzt sagen werde, sicherlich klinisch ein völliger Unsinn ist, kann ich mich des Eindrucks nicht erwehren, daß Hölderlin während der kurzen Zeit, in der er, ohne nachzudenken, seine Gedichte herunterschrieb, nicht der Kranke war, der seine Besucher mit wirren und »unterthänigsten« Selbst- und Zwiegesprächen zu überschütten und damit sich von ihnen zu isolieren pflegte. Der die bemerkenswerten Texte so fehler- und reibungslos niederschrieb, dem waren sie nicht von »Scardanelli« diktiert, nicht von »Killalusimeno« oder »Buonarotti«; der große Dichter, der sie schrieb, hatte keinen Namen. Wir können ihn den Deutero-Hölderlin nennen.

Vergleichen wir die Äußerungen einiger Leute, die Hölderlin während der Zeit seiner Krankheit gekannt haben.

I. Aus einem Brief Zimmers an Hölderlins Mutter vom 19. April 1812[15]:

Vor ongefehr 10 Tagen war Er aber des Nachts sehr unruhig lief in meiner Werkstadt umher, und sprach in der grösten heftigkeit mit Sich selbst, ich stund auf und fragte Ihn was Ihm fehle, Er bat mich aber wieder ins Bett zu gehen und Ihn allein zu lassen, sagte dabey ganz vernünftig Ich kann im Bett nicht bleiben und muss herum laufen, Sie alle können ruhig seyn, ich thue nimand nichts, schlafen sie wohl bester Zimmer ... Sein dichterischer Geist zeigt sich noch immer thätig, so sah Er bey mir eine Zeichnung von einem Tempel Er sagte mir ich solte einen von Holz so machen, ich versetze Ihm drauf dass ich um Brod arbeiten müsste, ich sey nicht so glüklich so in Philosofischer ruhe zu leben wie Er, gleich versetze Er, Ach ich bin doch ein armer Mensch, und in der nehmlichen Minute schrieb Er mir folgenden Vers mit Bleistift auf ein Brett

Die Linien des Lebens sind Verschieden
Wie Wege sind, und wie der Berge Gränzen.
Was Hir wir sind, kan dort ein Gott ergänzen
Mit Harmonien und ewigem Lohn und Frieden.

II. Aus Wilhelm Waiblingers Tagebüchern, 3. Juli 1822[16]:

... eine offene Türe zeigte uns ein kleines, geweissnetes Amphitheatralisches Zimmer, ohne allen gewöhnlichen Schmuck, worin ein Mann stand, der seine Hände in den nur bis zu den Hüften reichenden Hosen stecken hatte und unaufhörlich vor uns Complimente machte. ... Hölderlin lehnte seine rechte Hand auf einen an der Thüre stehenden Kasten, die linke liess er in den Hosentaschen stecken, ein verschwitztes Hemd hieng ihm über den Leib und mit seinem geistvollen Auge sah er mich so mitleids- und jammerwürdig an, dass mirs eiskalt durch Mark und Bein lief. Er redete mich nun Eure Königliche Majestät an und seine übrigen Töne waren theils unartikulirt, theils unverständlich und mit Francösisch durchworfen ...

III. Aus einem Aufsatz J. G. Fischers über seinen letzten Besuch im April 1843, also wenige Wochen vor Hölderlins Tod[17]:

... . Bei meinem letzten Besuche nun bat ich: »Herr Bibliothekar, ich würde mich glücklich schätzen, wenn Sie mir zu meinem Abschied ein paar Strophen als Andenken schenken wollten.« Die Antwort war: »Wie Euer Heiligkeit befehlen! Soll ich über Griechenland, Frühling, Zeitgeist?« Die Freunde flüsterten: Zeitgeist! und ich bat ebenso.

Nun stellte sich der sonst immer vorgebeugte Mann in aufrechter Haltung an sein Schreibpult, nahm einen Foliobogen und einen mit der ganzen Fahne versehenen Gänsekiel aus demselben und stellte sich bereit, zu schreiben. Lebenslang bleibt mir sein Gesichtsaufleuchten in diesem Augenblick unvergessen, Auge und Stirn glänzten, wie wenn niemals so schwere Verwirrung darüber gegangen wäre. Und nun er schrieb, scandierte er mit der linken Hand jede Zeile, und am Schluss einer jeden drückte sich ihm ein zufriedenes »Hm!« aus der Brust. Nach Beendigung überreichte er mir unter tiefer Verbeugung das Blatt mit den Worten: »Geruhen Euer Heiligkeit!« . . .

IV. Aus einem Nachruf (1843) des damals 20 Jahre alten Gottlob Kemmler [18]:

. . .Das freundlichste Bild gab er uns in der letzten Zeit, wenn er, am Pulte stehend, seine Gedanken zum »dichtenden Gebet« zu sammeln rang; da war alle Aengstlichkeit von der gedrückten Stirne weggeflohen, und eine stille Freude verbreitete sich darüber; man mochte noch so laut um ihn her sich unterhalten, ihm über die Schulter sehen, nichts vermochte ihn da zu stören. . . . Er dichtete, wann man wollte, vielleicht auch, um sich dadurch von der liebreich andringenden Gesellschaft zu isoliren. Gab man ihm ein anderes Thema (denn er erbat sich immer eines), so sträubte er sich zuerst, beharrte man aber darauf, so schweifte er gleich nach der ersten Zeile davon ab zu seinen Lieblingsgedanken.

Aufrecht an seinem Pult stand also Deutero-Hölderlin und schrieb. Dabei lebte er in einer andern Welt als der seiner Gäste, mit denen er nur aufs wirrste reden konnte. Das ist kein schlechter Ausdruck: »dichtendes Gebet«. In unsrer Zeit hätte man ihm wahrscheinlich Psychopharmaka verabreicht, und mit dem Beten wäre es zu Ende gewesen. Wenn man die zahlreichen Schilderungen von Hölderlins Wahnsinn liest, die in den beiden großen Ausgaben gesammelt sind [1], [3], wird man ermessen, wie ratlos man dem Irrsinn gegenüber stand; und heute ist es noch viel schlimmer.

V

Es hat lange gedauert, bis man erkannte, daß die Gedichte aus der Zeit von Hölderlins Krankheit außerordentliche Schöpfungen sind. Während er noch am Leben war, gehörten Gustav Schwab und seine Frau [19] und Bettina von Arnim zu den wenigen, die den Wert dieser Texte begriffen. Von Wilhelm Waiblinger, der Hölderlin mit großem Einfühlungsvermögen und mit Bewunderung häufig zu beobachten Gelegenheit hatte, schreibt Jakobson mit Recht: »Trotz der Begeisterung, welche Waiblinger für den ›trunkenen, gottbeseelten Menschen‹ zu Anfang der 1820er Jahre gespürt hatte, war er doch geneigt, sinnlose Verse, Fehlgriffe und Belege eines ›fürchterlichen Styls‹ in Hölderlins ›Spätlingen‹ aufzudecken, obgleich das Schaffen des Wahnsinnigen dem des Beurteilers unvergleichlich überlegen war.« [14] (S. 67 f.) Vielleicht hätte allerdings dieser, wären ihm mehr als 26 Jahre vergönnt gewesen, noch manch Besseres zustande gebracht: aus Rilkes frühen Gedichten konnte man die »Duineser Elegien« und die »Sonette an Orpheus« auch nicht voraussagen. Nur Bettina von Arnim, dieser seltsame Seismograph unterirdischer Bewegungen, hatte eine Ahnung. Im letzten Brief ihres 1848 erschienenen Briefromans *Ilius Pamphilius und die Ambrosia* veröffentlicht sie vier von den späten Gedichten. Dazu hat »Pamphilius« das folgende zu sagen [20]:

Liebe Ambrosia!

Ich bin von Gräfenberg, von wo Du ein paar Zeilen erhalten haben wirst, seit einiger Zeit bereits mit dem besten Erfolge zurück und schicke Dir hier einliegend die versprochenen *Hölderlinschen* Gedichte, die Du nicht ohne Teilnahme lesen können wirst. Es ist etwas tief Ergreifendes darin, die Wahrheit des Gemüts und der Poesie, die durch die Nebel des Verstandes durchbricht wie die Sonne im Herbst. Das erste ist eine treue Schilderung der Aussicht aus seinen Fenstern. Er hat ein schmales Zimmerchen oben in dem kleinen Haus eines Tischlers unter den äußersten der Stadt, das erkerartig abgerundet auf den Neckar sieht und ein Tal bis fern an erhöhten Waldhorizont, und diese Aussicht ist seine einzige Freude und fast das einzige, worin er eine Sympathie mit den andern Menschen empfindet und in seinem Wesen äußern kann. Ich war auch in dem Stift, in dessen Klostermauern er mit dem *Hegel* zusammen erzogen ist, und wo sich seine feine Organisation abgeschlossen von der Welt noch empfindsamer gebildet hat. . . . Die andern drei Gedichte atmen für mich ordentlich fühlbar eine hohe ideale Geistigkeit, die gleichsam in ihrer Kindlichkeit stehen geblieben ist, und bewegen mich wunderbar, indem sie an die Kluft führen, wo das Wort sich dem Verstande entzieht und nur noch unmittelbarer Rhythmus des innern Seelenlebens scheint.

Schon im vorhergehenden Brief des »Pamphilius« findet sich die folgende Schilderung:

In Tübingen habe ich *Hölderlin* besucht, den Greis, in dem man noch den schönen blühenden Jüngling sieht, aus dem er ohne Bewußtsein, ohne daß für ihn Zeit dazwischen liegt, zum Greise geworden ist. Unter dem namenlosen Schicksal, das auf ihm liegt, ist er für das gewöhnliche Leben der Menschen seit vierzig Jahren verloren; nur irre Töne kommen aus seinem Mund, und jede Gegenwart der Menschen verschüchtert und beklemmt ihn. Nur die Muse vermag noch mit ihm zu reden, und in einzelnen Stunden schreibt er Verse, kleine Gedichte auf, in denen sich die frühere Tiefe und Anmut des Geistes spiegelt, aber jäh unmittelbar in dem Verstande unzugängliche Wortrhythmen übergeht.

Wenn die Gespräche, die Hölderlin mit sich selbst und mit andern führte, wirr waren, wie unsere Träume es oft sind, so waren die wenigen Minuten, in denen er die Gedichte schrieb, Zeiten einer rätselhaften Wachheit; einer Klarheit, deren Lichtquelle uns verborgen bleibt. In den Worten der Bettina von »der Kluft, wo das Wort sich dem Verstande entzieht« spiegelt sich ein tiefes Verständnis für die späten Schöpfungen Hölderlins. Allerdings finde ich eigentlich nicht die »dem Verstande unzugänglichen Wortrhythmen«, sondern eher eine etwas unheimliche Einheitlichkeit. Zum Beispiel sind es Gedichte ohne Präteritum; alles ist im Präsens, aber es ist eine zerfließende Gegenwart, wie durch eine Gaze angeschaut. In vielen der Texte könnte man eine Erstarrung feststellen, eine Versteinerung, die zur einmalig sinnbildhaften Wirkung beiträgt. Es gibt Bilder von Odilon Redon, die mich daran erinnern.

Indem ich das sage, muß ich mich aber selbst ermahnen. Es ist nämlich der Aufnahme einer geistigen Schöpfung abträglich, wenn man zuviel von der Biographie des Schöpfers weiß. Über Pindar oder Archilochos kann man glücklicherweise keine »Pathographie« schreiben, wie man es über Hölderlin getan hat. Mit der schönen Raserei der von Apollo geschlagenen Dichter haben sich die Alten besser abgefunden als wir. Erst in den letzten dreißig Jahren hat man es wieder gelernt, die Texte aus der Krankheitszeit mit der Liebe und der Ehrfurcht zu betrachten, die sie verdienen und die zu Lebzeiten des Dichters Gustav Schwab und Bettina von Arnim ihnen entgegenbrachten. Natürlich verfügten diese nicht über das linguistisch-poetologische Instrumentarium, mit dem der große Sprachforscher Roman Jakobson[14] ihnen zu Leibe rückt. Mancher mag finden, daß in solchen Studien nichts bleibt, was nicht nutzbringend verarbeitet würde, wie in den Schlachthäusern Chicagos, und daß die wissenschaftliche Feststellung, die Anzahl der Beinchen des Tausendfüßlers schwanke zwischen 996 und 1004, einer zwar beiläufigen, aber tröstlichen Illusion abträglich ist. Dafür aber werden Wort und Sprache ernst genommen, Grammatik wird mehr als ein Angsttraum des Gymnasiasten, und Symmetrien und Harmonien werden enthüllt, von denen sich der Dichter selbst nie hätte träumen lassen. Solange man mir zugesteht, daß diese Art von linguistischen Fingerabdrücken zur Identifizierung der Individualität des Dichters beitragen kann, jedoch nicht zur Feststellung seiner Qualität, will ich sie gelten lassen. Die Ergründung der Wörter ist ehrlicher als die Interpretation des Sinnes.

VI

In der Abendröte, die der endgültigen Umnachtung vorausging, schuf Hölderlin einige seiner schönsten und unverständlichsten Hymnenbruchstücke. Dies sind eigentlich die Werke – und nicht die in seiner Krankheitszeit geschriebenen marmornen Reste einer versteinerten Erinnerung –, wie man sie von einem großen wahnsinnigen Dichter erwarten würde. Auch die Manuskripte aus jener Zeit, soweit ich Reproduktionen gesehen habe, haben einen verwirrten, in alle Richtungen auswuchernden, palimpsestartigen Charakter, der sie, im Gegensatz zu den spätesten Gedichten, zu einem Angsttraum für den kritischen Herausgeber macht. In Wahrheit gibt es keine lesbaren Texte, sondern nur teilweise zerstörte Labyrinthe, durch die der Herausgeber den Leser führen muß, ihn ermahnend, zuerst auf diesen Brocken zu schauen und nicht auf jenen. Die Führungen sind manchmal erfolgreich, manchmal enttäuschend, die Lesetexte Meisterstücke der Präparatorenkunst. Die Große Stuttgarter Ausgabe verbannt alles, was nicht in ein Konzept paßt, in den Lesarten-Apparat; die Frankfurter Ausgabe bringt neben kompletten Transkriptionen und Lesetexten auch die Reproduktionen aller Manuskripte. Aber das hilft nicht viel, selbst wenn diese von besserer Qualität wären, denn der gewöhnliche Leser findet sich nicht zurecht. Jedenfalls verdanke ich der Frankfurter Ausgabe den Titel dieses Aufsatzes. Der schöne Vers »Das bist du ganz in deiner Schönheit apocalyptica« (Zeile 84 des Gedichtes »Kolomb«[21]) findet sich bei Beissner als Zeile 111 nur unter den Lesarten[22].

Bei dieser Gelegenheit möchte ich etwas bemerken, was mir aufgefallen ist und womit ich recht oder unrecht haben mag. Die deutsche Kultur hat immer weniger Duldsamkeit und Verständnis gegenüber Außenseitern gezeigt als die anderer Völker. Die Behandlung von wirklich Geistesgestörten und von Menschen, die man irrtümlich dafür hielt, war in früheren Zeiten in allen Ländern bestialisch; aber wenn man z. B. die Biographie Torquato Tassos liest, wird man sehen, daß der große Dichter auch nach seiner letzten, wahrscheinlich nur anfangs berechtigten Einschließung sich wieder viele Jahre dichterisch betätigen konnte und als Dichter von hohem Rang anerkannt war. Das traurige Schicksal Gérard de Nervals – ein und aus in den trostlosen Asylen der Riesenstadt Paris und schließlich Selbstmord – ist wohlbekannt; aber das hinderte nicht, daß ein so sehr an der Scheide zweier Welten geschaffenes Werk wie *Aurélia* gedruckt und geschätzt werden konnte. Auf die Engländer will ich noch zu sprechen kommen. Künstlerschicksale, Dichterschicksale sind sehr oft traurig gewesen (vgl. Walter Muschgs schönes Buch[23]);* geistig Arbeitende sind oft gefährdet, nur einen kleinen Schritt, nur ein Häutchen im Gehirn entfernt vom Zusammenbruch. Trotzdem glaube ich Unterschiede zu sehen. Ein anständigeres Verhalten gegenüber so bedeutenden Dichtern wie Quirinus Kuhlmann oder J. M. R. Lenz, und vielleicht wären sie zu retten gewesen. Christopher Smart, den ich später erwähnen will, und Kuhlmann litten beide angeblich an religiösem Wahnsinn, wenn es so etwas gibt. Wie verschieden aber war das Verhältnis der Gesellschaft zu diesen beiden Dichtern! Alles in allem habe ich den zaghaften Eindruck, daß im Gegensatz zu andern Völkern

* Vielleicht sind alle Schicksale traurig, wenn man sie genau anschaut. Die Geschichte der Postbeamten oder der Reinemachefrauen ist einfach nie geschrieben worden. Allerdings bin ich gerne bereit anzunehmen, daß die Häufigkeit behördlich bescheinigter Geisteskrankheit bei Molekularbiologen geringer sein wird als bei Dichtern.

die deutsche Kultur, auch wo sie eine höfische war, immer eine Kleinbürgerkultur gewesen ist. Allerdings, wenn man über Bedlam oder Bicêtre liest, wird man zugeben, daß die Behandlung Hölderlins oder Nietzsches während ihrer Krankheit recht human gewesen ist.

Noch in anderer Beziehung, nämlich in künstlerischen und literarischen Fragen, scheint mir die Duldsamkeit und Offenheit der Deutschen viel geringer zu sein als anderswo. Nur in der Barockzeit stand es, glaube ich, damit besser. Inwieweit die Aufnahmebereitschaft einer Gesellschaft auf die Schaffensfreude eines Dichters oder Malers zurückwirkt, kann ich nicht sagen, aber eine Beziehung scheint zu bestehen. Sicherlich zerbrach Hölderlin auch an der Stumpfheit des Publikums, und vielleicht noch mehr an dem Übelwillen oder der Blindheit der wenigen Menschen, auf deren Zustimmung er hätte rechnen können.

Wenn ich bedenke, was an schwerer Literatur, spezifisch, formal und gedanklich schwerer, im vorigen Jahrhundert in andern Ländern erscheinen konnte, frage ich mich, warum das in Deutschland nicht möglich war. Solche Werke, wie manche Gedichte Leopardis, Baudelaires, Robert Brownings, nicht zu reden von *Les Chants de Maldoror* von Lautréamont oder *Un coup de dés n'abolira jamais le hasard* von Mallarmé, sind aus Gründen, die ich nicht ganz verstehe, in der deutschen Literatur des vergangenen Jahrhunderts undenkbar. Auch wären sie nicht gedruckt worden.* Nur die schönste Wald-, Wiesen- und Feinsliebchendichtung, die die Literaturgeschichte kennt – und später die abgeschmackteste –, waren zugelassen. Die Gesellschaft duldete nur fachlichen Tiefsinn.

Einem derartigen Publikum mußten die großen Werke Hölderlins als grauenerregende Fremdlinge erscheinen. Die idyllische Pastorenkultur, die fachmännisch aufgeblasene Professorenkultur konnten so etwas nicht ertragen. Die Deutschen wollten eine haltbare Literatur, glaubten aber, daß sie, um

* Ich bin nicht einmal sicher, daß es jetzt anders ist.

sich gut zu tragen, aus Leder sein muß. Erst mit Stefan George, Karl Wolfskehl, Norbert von Hellingrath begann die wahre Einschätzung der Leistung.

Man kann die von mir hier betrachteten Unterschiede in der Reaktionsfähigkeit verschiedener Sprachen auch anders ansehen. Vielleicht könnte man sagen, daß die deutsche Sprache Sprachexperimente mehr verabscheut als andere Sprachen es tun. Das mag viele Gründe haben, sicherlich auch soziale und ökonomische, die mir aber nicht einfallen. Meine Begründung habe ich schon anderswo in anderer Form vorgebracht, möchte sie aber wiederholen. Der Deutsche lebt in der deutschen Sprache, aber irgendwie fühlt er sich in ihr nicht wohl: sie ist zu groß für ihn, sie schlottert um ihn. Die französische Sprache lebt im Franzosen; sie lenkt ihn und hat es nicht gern, wenn er mit ihr rauh umgeht; aber dafür ist sie unendlich willig, ihm das Klarmachen des Dunkelsten zu erleichtern. Der Engländer trägt seine Sprache wie eine Art von praktischem Gummimantel, leicht zu erweitern, leicht einzunehmen, kann in allen Wettern auf beiden Seiten getragen und geflickt werden. So könnte man sagen, daß das Englische, eine bequeme Sprache, alle Arten von Sprachexperimenten geradezu herausfordert. Und wirklich, wer in solche Werke hineinschaut, wie Joyces *Ulysses* oder *Finnegans Wake*, die *Cantos* von Ezra Pound oder die Schriften von David Jones, *In Parenthesis* und *The Anathemata*, mag sich fragen, ob solche Dichtungen jemals einen deutschen Verleger gefunden hätten, ja ob sie auf deutsch überhaupt vorstellbar sind. Die wenigen Ausnahmen, wie Arno Schmidt, wurden wie Aussätzige in einem *cordon sanitaire* gehalten. Ich bin daher über die Ratlosigkeit, mit der seine Zeitgenossen Hölderlins Dichtung gegenüberstanden, nicht erstaunt.

VII

Stendhal, dieser autobiographischste unter den großen Schriftstellern, erwähnt an zwei Stellen * seiner umfangreichen Tagebücher [24], er habe erst wirklich schreiben können, seit er aufgehört habe, auf die Inspiration zu warten. In der Tat, wie hätte er sonst ein so großes Werk wie *La Chartreuse de Parme* in sechs Wochen schreiben, bzw. diktieren können? Die Muse besucht einen nicht jeden Tag, ja sogar – ähnlich dem Schlaf – um so seltener, je inniger man sie herbeisehnt. Mit dieser Absage an die Eingebung, an die Ergriffenheit, gesellt sich Stendhal, obwohl vielfach als ein Sprecher der romantischen Bewegung angesehen, zu den Dichtern der alten Zeiten, bevor der Geniekult zu grassieren begann.

Als das Schreiben, wie die anderen Künste, noch ein Handwerk war, und zwar eines, das sich der Wörter bediente, war die Unterscheidung zwischen Schriftsteller und Dichter viel weniger scharf, als sie es später geworden ist. In der deutschen Literatur sind Lessing und Wieland vielleicht die letzten großen Beispiele der alten Observanz, wie es in andern Sprachen Voltaire, Addison, Samuel Johnson sind. Der Hölderlin der großen Hymnen erscheint mir hingegen als ein andauernd auf den Höhen der Ergriffenheit weilender Dichter, geschüttelt, zerrissen von einem Paroxysmus dichterischer Einfälle. Das macht die Betrachtung der Manuskripte zu einem rührend hoffnungslosen Unternehmen.

Die dialektische Tektonik der Hymnen – mit ihren unvermittelten Konjunktionen, jede einen assoziativen Sprung über jähe syntaktische Abgründe anzeigend – steht einzig da in der Geschichte der Dichtung. So zu dichten, in der Sprache gegen die Sprache, das erforderte eine Spannung, die nicht lange aufrechterhalten werden konnte. Daß aber, als der Zusammenbruch kam, eine völlig neue Art von »altem« Dichter aufstehen

* Ich habe den Nachweis dieser Stellen verlegt und konnte mich nicht dazu bringen, die 1500 Seiten nochmals durchzustöbern.

würde – eben der Deutero-Hölderlin –, darauf konnte die Mitwelt nicht vorbereitet sein. Um so erstaunlicher die wenigen zustimmenden Ausnahmen, die ich im fünften Abschnitt zitiere. Die normale Rezeption der Hölderlinschen Dichtersprache wird eher gekennzeichnet sein durch einen Brief aus dem Jahre 1804, den Heinrich Voss d. J. an Solger schrieb, worin er mit Bezug auf die Sophokles-Übersetzung Hölderlin einen »Lumpenhund« und »Narren« nennt.[25] In einem andern Brief erzählt dieses kleine Ekel, ein weit vom Stamm des großen Homerübersetzers gefallenes Äpfelchen, wie er Goethe und Schiller durch eine Vorlesung aus dieser Übersetzung zum Lachen gebracht habe. Dabei handelt es sich um dieselbe Übertragung, von deren Urheber Bertolt Brecht in seiner Antigone-Bearbeitung sagt, er sei einer der größten Gestalter der deutschen Sprache gewesen.[26]

Nicht daß die olympischen Lachmuskeln viel gebraucht hätten, um gereizt zu werden. Schon sieben Jahre vorher hatte Goethe an Hölderlin viel auszusetzen gefunden. Hier zwei Stellen aus Briefen an Schiller: 1) »Vielleicht thäte er am besten, wenn er einmal ein ganz einfaches Idyllisches Factum wählte, und es darstellte.« (28. Juni 1797) – 2) »Gestern ist auch Hölterlein bey mir gewesen. ... Ich habe ihm besonders gerathen kleine Gedichte zu machen und sich zu jedem einen menschlich interessanten Gegenstand zu wählen.« (23. August 1797) Ich weiß nicht, ob es schon bemerkt worden ist, daß Hölderlin in seinen späten Gedichten aus der Zeit der Verwirrung Goethes väterlich-gedankenlosen Rat zu befolgen scheint: einfache idyllische Fakten, kleine Gedichte über menschlich interessante Gegenstände. Daß daraus Meisterwerke wurden, von geisterhafter Transparenz, daran trug Goethe wahrlich nicht die Schuld. Wahrscheinlich ging sein Rat mehr in die Richtung von G. L. T. Kosegarten.

Wenn man die Gedichte, die aus jener Zeit in Tübingen erhalten geblieben sind, durchsieht, findet man ein einheitliches, recht kleines Vokabular und immer die gleiche, unpathetische, stille Diktion, aber wenig wirkliche Wiederholungen. Daß die

Anzahl der Titel und Motive gering ist, mag daher kommen, daß die meisten von den Besuchern, die sich auf mittlerer Stammbuchhöhe bewegten, vorgeschlagen wurden. Noch wahrscheinlicher ist es jedoch, daß der Dichter selbst auf einem beschränkten Repertoire bestand, zu dem er, wie ein Besucher es schilderte, immer wieder zurückkehrte, auch wenn das vorgeschlagene Motiv ganz anders war.

In den von ihr mitgeteilten Gedichten fühlte Bettina von Arnim den Atem einer hohen Geistigkeit, die gleichsam in ihrer Kindlichkeit stehen geblieben sei. Diese Kindlichkeit vermag ich nicht wahrzunehmen. Viel eher höre ich den Greis, der aus dem Dunkel in ein Licht blickt, das längst verloschen ist. Vielleicht hat es das Licht auch nie gegeben. Wenn er ein Gedicht schreibt, zieht sich der Kranke in eine Provinz zurück, die den ihn Bedrängenden verschlossen und unzugänglich ist. Denn er weiß – weiß er es? –, sobald er diese Provinz verläßt, muß er in die Nacht steigen wie in kochendes Blut.

Anmerkungen

1 Friedrich Hölderlin, Sämtliche Werke, Frankfurter Ausgabe (Hrsg. D. E. Sattler), Bd. 9, S. 218 (Roter Stern, Frankfurt/Main, 1983).

2 Hölderlin, Sämtliche Werke (Insel, Frankfurt/Main, 1961) S. 1306.

3 Hölderlin, Sämtliche Werke, Große Stuttgarter Ausgabe (Hrsg. F. Beissner), Bd. 2, S. 259 ff.; Bd. 7, 1, S. 481 (Kohlhammer, Cotta, Stuttgart, 1951, 1968).

4 F. Beissner, Hölderlin, S. 248 (Böhlau, Weimar, 1961).

5 Wie in Anm. 2, S. 1337 f.

6 L. Navratil, Schizophrenie und Sprache (Deutscher Taschenbuch Verlag, München, 1966), S. 10.

7 Wie in Anm. 3, Bd. 2, S. 313 ff.

8 Wie in Anm. 1, Bd. 9, S. 85, 211, 121.

9 Wie in Anm. 3, Bd. 2, S. 265.

10 Paul Fleming, Gedichte, S. 57 (Reclam, Stuttgart, 1967).

11 B. H. Brockes, Auszug der vornehmsten Gedichte aus dem Irdischen Vergnügen in Gott, S. 315 (Herold, Hamburg, 1738 – Neudruck, Metzler, Stuttgart, 1965).

12 Wie in Anm. 3, Bd. 7/3, S. 147.

[13] Wie in Anm. 3, Bd. 7/3, S. 204.
[14] R. Jakobson und G. Lübbe-Grothues, in R. Jakobson, Hölderlin – Klee – Brecht, S. 27–96 (Suhrkamp Taschenbuch Verlag, Frankfurt/M., 1976).
[15] Wie in Anm. 3, Bd. 7/2, S. 422 ff.
[16] Wie in Anm. 3, Bd. 7/3, S. 3 f.
[17] Wie in Anm. 3, Bd. 7/3, S. 301.
[18] Wie in Anm. 3, Bd. 7/3, S. 366 f.
[19] Wie in Anm. 3, Bd. 7/3, S. 211.
[20] Bettina von Arnim, Werke und Briefe (Hrsg. G. Konrad), Bd. 2, S. 706 ff. (Bartmann, Frechen, 1959).
[21] Wie in Anm. 1, Einleitungsband (1975), S. 114.
[22] Wie in Anm. 3, Bd. 2, S. 879.
[23] W. Muschg, Tragische Literaturgeschichte, 3. Auflage (Francke, Bern, 1957).
[24] Stendhal, Oeuvres intimes, 2 Bde. (Hrsg. V. del Litto, Pléiade, Paris, 1981, 1982).
[25] Wie in Anm. 3, Bd. 7/2, S. 303.
[26] Bertolt Brecht, Stücke (Suhrkamp, Frankfurt, 1959), Bd. 11, S. 114.

3. Über den Dichter im Wahnsinn

I

Der blinde Milton, der taube Beethoven, der seiner Hände nicht mehr mächtige Matisse sind allgemein bekannte Beispiele für das rätselhafte Walten der Vorsehung. Weitere Beispiele sehe ich in den großen Dichtern, von denen die Welt sagt, daß sie den Verstand verloren haben. Die meisten versanken in ein echoloses Dunkel; einige fuhren fort, in der Umnachtung Gedichte zu schreiben. Den vielleicht Größten von allen, Hölderlin, habe ich im vorhergehenden Aufsatz betrachtet. Er ist insofern eine Ausnahme, als er sozusagen »ein Raphael ohne Hände« ist, der weitergemalt hat, aber Bilder ganz anderer Art. So wie er proteisch seinen Namen ablegte, vertauschte er auch seinen Stil und schrieb einzigartige Jugenderinnerungen aus der Geisterwelt. Sein Leben in Schmutz und Elend war erkauft durch die reinsten Reime, das stillste Versmaß.

Die Rangordnung, die, besonders in der englischsprachigen Literaturkritik, Dichter einteilt in »major poets« und »minor poets«, habe ich nie verstanden. Mir erscheint das als so etwas wie der höhere und der niedere Mittelstand. Der Natur ist die Ameise gewiß nicht weniger lieb als das Mastodon, und vielleicht mehr, denn die Ameise lebt noch immer. Und so kenne ich nur gute Gedichte, was natürlich nicht heißt, daß alles, was sich ein Gedicht nennt, auch eines ist. Gottseidank gibt es noch keinen Qualitätsquotienten, QQ, und so bleibt der persönliche Geschmack, der zwar ein heikles Instrument ist, aber das einzige, das wir haben. (Später, wenn der Computer soweit ist, daß er Dichtungen lesen, Kompositionen hören, Kunstwerke betrachten kann, wird die Wissenschaft gewiß auch einen QQ formulieren.)

Jedenfalls wird berichtet, daß es manchmal Dichter gegeben habe, die im Zustand der Geistesgestörtheit bessere Gedichte schrieben als zuvor. Auf zwei dieser Dichter, beide aus der englischen Literatur, scheint das wirklich zuzutreffen. Ich werde sie bald erwähnen, möchte aber zuerst einen sehr großen Dichter anführen, der, obwohl ebenfalls im Katalog der wahnsinnigen Schriftsteller enthalten, zu einer Zeit lebte, als die wissenschaftlich organisierte Psychiatrie glücklicherweise noch nicht existierte.

II

Torquato Tasso (1544–1595) ist neben Hölderlin wahrscheinlich der größte Dichter, dessen Namen auf der traurigen Liste erscheint. Ein anderer sehr großer Dichter und Künstler, William Blake, ist nie auf diese Liste gekommen, obwohl manche seiner Zeitgenossen ihn für wahnsinnig hielten. Jedenfalls war Blake niemals eingesperrt und machte sich sogar in einem hübschen Epigramm über einen Konkurrenten, wahrscheinlich John Flaxman, lustig, der ihn »madman« gescholten hatte. Dazu ist zu sagen, daß die Engländer – ein Volk, das seine Exzentriker noch höher schätzt als sein warmes Bier – auch Wahnsinnigen gegenüber, natürlich wenn sie den gebildeten Kreisen angehörten, großmütiger und weitherziger gewesen sind als andere Völker. Daß die maulaufsperrende und mit Fingern zeigende Kleinbürgerlichkeit dort nicht den Ton angab, machte sich geltend.

Diese gab es natürlich auch nicht im Italien des Tasso. Sein Leben ist durch eine enorme Schaffenskraft gekennzeichnet. Auch glaube ich nicht, daß es Anzeichen dafür gibt, daß diese eine große Einbuße erlitt in den vielen Jahren, während deren der zuzeiten von Jähzorn und Verfolgungswahn gehetzte Mann in Schlössern oder Klöstern eingesperrt war. Seine Briefe, in klarer, eleganter Sprache, geben oft erschütternde Schilderungen seiner Manie, z. B. die mitleidserregende Beschreibung der rätselhaften Vorgänge in seinem Zimmer im Brief vom 30. Dezember 1585 an Maurizio Cataneo.[1] Da es damals noch keine Psychiatrie gab, hatte er keine Gelegenheit zu verblöden. Trotz langjähriger Einkerkerung brachte Tasso es fertig, in den letzten Jahren seines Lebens die Riesenaufgabe einer Revision seines Hauptwerkes *Gerusalemme liberata* zu unternehmen.

Bei einem andern bedeutenden Dichter, dem Engländer Christopher Smart (1722–1771), gewinnt man sogar den Eindruck, daß erst während der mehrmaligen Internierungen in Irrenhäusern und Schuldgefängnissen seine wahre Dichterkraft erwacht ist. Smarts Ruhm – sein Name ist außerhalb des englischen Sprachraums wohl wenig bekannt – beruht auf seiner religiösen Lyrik, insbesondere einem sehr langen, aus 86 gereimten Strophen bestehenden wortgewaltigen Hymnus *A Song to David*[2] und einem höchst seltsamen Produkt *Jubilate Agno*, das nur in Fragmenten erhalten ist. Dieses Werk, eine im gehobenen Parallelismus des Alten Testaments geschriebene Wortlawine der Lobpreisung und des Gedenkens, voll von Zügen des Genies und des Wahnsinns, hat eine ungewöhnliche Geschichte. Smart verfaßte das Werk wahrscheinlich während seines letzten Aufenthalts im Irrenhaus, möglicherweise im Bethlehem Hospital, dem berüchtigten Bedlam. Es war seine vorletzte Haft, denn 1770 saß er schon wieder im Schuldturm, wo er auch starb.

Erst vor etwa fünfzig Jahren wurden die erhaltenen Reste von *Jubilate Agno* (32 Seiten) entdeckt und 1939 veröffentlicht. Der Text besteht aus einer langen Reihe von Versen, die entweder mit dem Wort *Let* oder mit dem Wort *For* beginnen, also mit »Lass!« oder mit »Denn«. Was man jedoch infolge der vielen Lücken nicht sogleich entdeckte, war, daß der Text antiphonisch geplant war: die *Let*- und die *For*-Sätze bildeten eine Wechselrede. Erst eine spätere Ausgabe hat die Absichten des Dichters verwirklicht, soweit der fragmentarische Zustand es gestattete.[3] Um einen Begriff vom Ton des Ganzen zu geben – mehr kann ich nicht tun, und übersetzen kann ich es auch nicht –, will ich zwei kurze Stücke hersetzen, beide aus Sektionen, deren mit *Let* anfangende Gegenreden nicht erhalten sind. Im ersten Stück (Anm. 3, S. 110) arbeiten die Methodik des Wahnsinns und ein exquisites Klanggefühl zusammen, um ein ganzes himmlisches Orchester vorzuführen.

For the spiritual musick is as follows.
For there is the thunder-stop, which is the voice of God
  direct.
For the rest of the stops are by their rhimes.
For the trumpet rhimes are sound bound, soar more and
  the like.
For the Shawm rhimes are lawn fawn moon boon and
  the like.
For the harp rhimes are sing ring, string & the like.
For the cymbal rhimes are bell well toll soul & the like.
For the flute rhimes are tooth youth suit mute & the
  like.
For the dulcimer rhimes are grace place beat heat & the
  like.
For the Clarinet rhimes are clean seen and the like.

Den Rest, mit Fagott, Pikkolo und Geigen, lasse ich weg, denn ich möchte noch den berühmten Kater Jeoffry vorstellen, dem 74 Verse gewidmet sind. Ich habe nur für wenige Zeilen Platz (Anm. 3, S. 115 f.).

For I will consider my Cat Jeoffry.
For he is the servant of the Living God and daily
  serving him.
For at the first glance of the glory of God in the East
  he worships in his way.
For is this done by wreathing his body seven times
  round with elegant quickness.
...
For having done duty and received blessing he begins
  to consider himself.
For this he performs in ten degrees.

For first he looks upon his fore-paws to see if they
  are clean.
For secondly he kicks up behind to clear away there.
For thirdly he works it upon stretch with the fore
  paws extended.
For fourthly he sharpens his paws by wood.
For fifthly he washes himself.
For Sixthly he rolls upon wash.
For Seventhly he fleas himself, that he may not be
  interrupted upon the beat.
For Eighthly he rubs himself against a post.
For Ninthly he looks up for instructions.
For Tenthly he goes in quest of food.
For having consider'd God and himself he will con-
  sider his neighbour.
For if he meets another cat he will kiss her in kindness.

Er war ein schwacher, liebenswerter Mann, dieser Smart – Kit nannten ihn seine Freunde, zu denen der große Dr. Johnson gehörte –, ein glänzender Student in Cambridge, Fellow des Pembroke College, wohl bewandert in den alten Sprachen und in der Bibel. Aber anstatt Pastor zu werden, wie es sich für einen jungen Mann ohne Geld gehörte, ging er als armseliger Lohnschreiber nach London, in die berüchtigte »Grub-Street«, und schrieb und schrieb, was eben unter die Hand kam, in den zahlreichen, immer wieder neu gegründeten und fast sofort eingehenden Wochen- und Monatsschriften der zu jungkapitalistischer Pracht und Elend erwachenden Riesenstadt. Ein schlechter Haushalter war er und versoffen; die Welt, in der er, der fromme, weiche Mann, Gottes Werk verehrte, war zu schwierig für ihn geworden, und er brach zusammen. Er wollte beten, aber er mußte trinken; und so vertat er sein Leben, mal im Irrenhaus, mal in Schuldhaft. Dr. Johnson, diese sarkastische und mit Distanz gottesfürchtige Verkörperung eines England, das als Unterströmung auch jetzt noch existiert, hat schöne und mitleidige Worte über den verkommenen großen

Dichter gesprochen. Sie stammen aus dem Jahr 1763, als Smart wieder einmal aus dem Irrenhaus entlassen worden war.[4]

> My poor friend Smart shewed the disturbance of his mind, by falling upon his knees, and saying his prayers in the street, or in any other unusual place. Now, although, rationally speaking, it is greater madness not to pray at all, than to pray as Smart did, I am afraid there are so many who do not pray, that their understanding is not called in question ...
> I did not think he ought to be shut up. His infirmities were not noxious to society. He insisted on people praying with him; and I'd as lief pray with Kit Smart as any one else. Another charge was, that he did not love clean linen; and I have no passion for it.

Viele von Smarts Werken sind lesenswert, am meisten seine Fabeln und religiösen Lieder; die große Lobpreisung auf David und die Wahnsinnslitanei, aus der ich zitiert habe, sind Meisterwerke. Letzthin ist ihm sogar die Ehre einer richtigen kritischen Ausgabe zuteilgeworden.

III

A. E. Housman, der 1936 verstorbene bedeutende Dichter und Altphilologe, hielt 1933 einen vielbeachteten Vortrag *The Name and Nature of Poetry,* aus dem ich an einer andern Stelle dieses Buches einiges zitiert habe. Darin befaßt er sich auch mit der Frage, ob Dichtung eine vom Verstand gelenkte Tätigkeit ist. In diesem Zusammenhang sagt er etwas, was ich für bemerkenswert halte.[5]

> Der Sinn kommt vom Intellekt, aber nicht die Dichtung. Täte sie das, so hätte das achtzehnte Jahrhundert bessere Dichtung hervorbringen können. Wie es wirklich ist, welches sind die Dichter jener Zeit, in denen man ganz beson-

ders hören und wahrnehmen kann, wie der wahre poetische Akzent sich aus der zeitgenössischen Sprache klar herauslöst? Es sind diese vier: Collins, Christopher Smart, Cowper und Blake. Und welches andere Merkmal war diesen vier gemeinsam? Sie waren wahnsinnig.*

Von diesen vier ist William Blake (1757–1827) gewiß der größte, sehr bedeutend als Dichter und als Zeichner und Kupferstecher. Ich habe ihn schon früher erwähnt und gesagt, daß ich ihn im Gegensatz zu Housman kaum geistesgestört nennen würde. Jedenfalls war er nie in einer Anstalt[6], und wenn er uns den Geist eines Flohs schön sauber auf einer Zeichnung präsentieren konnte, wie er ihn gesehen hatte, so glaube ich es ihm gerne. Die Wirklichkeit ist nämlich größer, Horatio, als die menschliche Vernunft ermessen kann, und daß es einigen vergönnt war, Grenzen zu überschreiten, die uns beschränken, sollte uns mit Dankbarkeit erfüllen. Blake, als Dichter und als Künstler, war ein Seher von ungewöhnlicher Intensität; und wenn wir, was er gesehen hat, nicht mit eigenen Augen ebenso bestätigen können, wie wir es z. B. bei Heines »Buch der Lieder« vermögen, so spricht das vielleicht gegen dieses.

Von den andern Namen auf Housmans Liste habe ich Christopher Smart bereits ausführlich besprochen. William Collins (1721–1759) hatte ein kurzes, von Schwermut heimgesuchtes Leben. Seine letzten Jahre mußte er infolge schwerster Depressionen in einem Irrenhaus verbringen. Die Bewunderung, welche englische Kritiker für seine schmale Produktion bekunden, kann ich nicht teilen; wahrscheinlich, weil es bei der Beurteilung von Lyrik Sprachgrenzen gibt, die ein nicht in die Sprache Geborener nicht immer überschreiten kann.**

---

* Die Übersetzung ist von mir. Gleich nachher zitiert Housman die berühmte Stelle über Dichtung und Wahnsinn aus Platons Phaedrus, 245.

** Gerade die ungespreizte, aufs Wortganze, aufs Herzganze gehende Lyrik ist die unzugänglichste. Daher ist es mir immer schwergefallen, einen Lyriker wie Puschkin, den die Russen als ihren größten verehren, gehörig zu würdigen.

Und schließlich William Cowper (1731–1800). Er war im letzten Drittel seines Lebens wohl der beachtetste Dichter Englands und einer der besten Briefschreiber eines Jahrhunderts, das daran nicht arm war. Aber was für ein elendes Leben der scheue, von religiösen Skrupeln gequälte Mann gehabt hat! Vier Selbstmordversuche und 1763 die erste Internierung in Dr. Cottons berühmtem »Collegium Insanorum«, 1773–74 eine zweite schwere Attacke. Dabei schrieb er fast ununterbrochen: Idyllen, Gedichte, Satiren, Übersetzungen (darunter den ganzen Homer), verfaßte auch lateinische Gedichte und besonders eine lange Reihe berühmt gewordener Kirchenlieder, die »Olney Hymns«. Seine wache Zeit verbrachte er in Pfarrhäusern auf dem Land bei Freunden, die sich um ihn kümmerten. Geldnot scheint er nicht gelitten zu haben und blieb ein hochangesehener vielgelesener Dichter. Seine Dichtungen sprechen von seinem Glauben an Gott, seiner Furcht vor Verdammnis, manche sind sogar humorvoll; Zeichen von Wahnsinn sind jedoch sogar bei den im Asyl geschriebenen nicht zu erkennen. Schon wieder gilt, was ich früher über die bemerkenswerte Toleranz Englands gegenüber Exzentrikern aller Art gesagt habe. Wäre diese Art von Dichterschicksal in Deutschland möglich gewesen?

IV

In Housmans Liste der wahnsinnigen Dichter aus dem 18. Jahrhundert fehlt einer der größten, denn er gehörte einer spätern Generation an: John Clare (1793–1864). Der blutarme Sohn eines Taglöhners in einem kleinen Dorf in Northamptonshire mußte schon als kleiner Bub die paar Pence für die Dorfschule selbst erwerben, indem er seinem Vater beim Dreschen half, wobei er sich eines Dreschflegels von Kindergröße bedienen mußte. Schon mit zwölf Jahren hatte er begonnen, Gedichte zu schreiben und hörte nie wieder damit auf. So wurde er zum größten Naturpoeten, den die englische Literatur kennt, zu einem Dichter des unverschönten Landlebens, zugleich wild und nachdenklich. Der lyrische Strom floß aus ihm wie aus einer unversieglichen Quelle; vierundzwanzig Jahre in Irrenhäusern trockneten sie nicht aus. Ich möchte gern wissen, was für ein Asbest es war, der diese arme Seele auch in den Flammen der irdischen Hölle bewahrte.

Er war noch ein kleiner Bub gewesen, da hatte ihm jemand »Die Jahreszeiten« von James Thomson gezeigt. Seit jener Zeit hatte er nicht aufgehört, englische Lyrik zu lesen; als er später für kurze Zeit etwas Geld hatte, legte er sich eine Sammlung von Gedichtbüchern an. Rechtschreibung hatte er nie recht gelernt, und seine Werke enthalten viele lokale Dialektworte, die ihn veranlaßten, seinem ersten Gedichtband ein Glossar beizufügen. Dieser erschien 1820 und war ein großer Erfolg: vier Auflagen innerhalb eines Jahres. Er war gerade zurechtgekommen für eine der kurzlebigen Londoner Moden, dieses Mal die Begeisterung für eine authentische Poesie des Landlebens. Hier war ein echter Bauer, der wußte, wovon er sprach, ob es ein Rotkehlchen war oder eine Füchsin, ein Veilchen oder eine Primel. Es war keine bukolische, keine elegante Schäferpoesie in Verkleidung. Aber die Begeisterung des Publikums war rasch ausgebrannt, und zwei in kurzem Abstand folgende Bücher – darunter eines von Clares besten Werken, »Des Hirten Kalender« – waren gänzlich erfolglos. Er sank zurück in sein altes Elend, begleitet von immer ärger werdenden manischen Depressionen, die ihm schon in seiner Jugend nicht fremd gewesen waren. Sein erster Aufenthalt in einem Irrenhaus dauerte vier Jahre, 1838–1841, und ein halbes Jahr später mußte er wieder interniert werden, im County Lunatic Asylum in Northampton, das er fast 23 Jahre, bis zu seinem Tode, nicht mehr verließ.

Dort schrieb er viele seiner besten Gedichte, auf denen sein Ruhm jetzt beruht. Er schrieb sie auf Papierfetzen, in schwer lesbarer, von Abkürzungen durchsetzten Schrift – oft beschränkte er sich auf Konsonanten –; und hätte das Irrenhauspersonal sie nicht sorgfältig, wenn auch mit vielen Mißlesungen, abgeschrieben, so wäre wenig davon auf uns gekommen.

Die auf genauer Beobachtung von Tier, Pflanze und wachsender und welkender Natur beruhende Verdichtung zu kleinen Momentdichtungen, die ihn, als er geistig noch halbwegs gesund war, berühmt gemacht hatte, wurde auch im Irrenhaus fortgesetzt, trat aber allmählich zurück gegenüber Liebesgedichten, in denen manchmal seine Frau, meistens aber »Mary«, eine bereits verstorbene Jugendliebe, angesprochen wurde. Dazu kommen zwei längere Werke, in deren Titeln – »Don Juan« und »Child Harold« – sich zugleich die Verehrung für Lord Byron wie auch die wahnwitzige Identifizierung mit ihm ausdrücken. Am schwersten wiegen jedoch einige völlig neuartige Gedichte, die aus einer tiefern, erst im Wahnsinn erreichbar gewordenen Schicht des Geistes zu kommen scheinen. In ihnen sieht man keine Spuren von einem bäuerischen Autodidakten, sondern nur das zu einer existentiellen Spitze getriebene tiefe Leiden und den jubelnden Überschwang.

Die langen Jahre von Clares Krankheit waren gekennzeichnet durch einige mehrjährige Intervalle dichterischer Helligkeit, unterbrochen von langen Depressionen. Nur selten zeigen seine Gedichte Zeichen von Wahnsinn, aber seine Gespräche und Briefe spiegeln oft Wahnideen wider; so wollte er z. B. nicht John Clare sein, sondern manchmal der Herzog von Wellington, Admiral Nelson oder Lord Byron, oft auch ein damals berühmter Boxer. In seinen Gedichten korrigierte er fast nichts; wenn er sie nicht abgeschlossen hatte, ließ er sie unvollendet liegen. Immer aber strömten neue hervor, und die Auswahl, die Grigson veröffentlicht hat, bildet einen stattlichen Band.[7] Die dichterisch besten Werke wurden in den ersten Jahren seines endgültigen Aufenthalts im Irrenhaus verfaßt, also als John Clare etwa 50 Jahre alt war.

Beim Lesen der Lebensgeschichte dieses armen Mannes und bei der Betrachtung der zu verschiedenen Zeiten entstandenen Gedichte kam mir aus unerfindlichen Gründen die alte jüdische Sage vom Dibbuk in den Sinn, in der der Geist eines Toten sich eines lebenden Körpers bemächtigt und aus ihm mit eigener Stimme spricht. Denn ich gewann den wissenschaftlich gewiß völlig unbegründeten Eindruck, daß das lyrische Genie gleichsam als ein Dibbuk hier von einem schwächlichen Organismus Besitz ergriffen habe und ihn in das Dichten hetze, losgelöst von der Kontrolle eines kaum mehr funktionierenden Intellektes. Dabei waren – Paradox der Paradoxe! – die Dichtungen, die herauskamen, oft tiefsinnig und gedankenschwer, sprachlich unabgeschabt, im Rhythmus rührend. Ich möchte zwei kurze Beispiele hersetzen, deren Text ich der am bequemsten zugänglichen Ausgabe von Clares Gedichten entnehme.[8]

I Am

I am: yet what I am none cares or knows
  My friends forsake me like a memory lost;
I am the self-consumer of my woes,
  They rise and vanish in oblivions host,
Like shadows in love – frenzied stifled throes
And yet I am, and live like vapours tost

Into the nothingness of scorn and noise,
  Into the living sea of waking dreams,
Where there is neither sense of life or joys,
  But the vast shipwreck of my life's esteems;
And e'en the dearest – that I love the best –
Are strange – nay, rather stranger than the rest.

I long for scenes where man hath never trod,
  A place where woman never smiled or wept;
There to abide with my Creator, God,
  And sleep as I in childhood sweetly slept:
Untroubling and untroubled where I lie,
The grass below – above the vaulted sky.

A Vision

I lost the love of heaven above,
  I spurned the lust of earth below,

I felt the sweets of fancied love,
  And hell itself my only foe.

I lost earth's joys, but felt the glow
  Of heaven's flame abound in me,
Till loveliness and I did grow
  The bard of immortality.

I loved, but woman fell away;
  I hid me from her faded fame.
I snatch'd the sun's eternal ray
  And wrote till earth was but a name.

In every language upon earth,
  On every shore, o'er every sea,
I gave my name immortal birth
  And kept my spirit with the free.

Auf kurze Zeit befreit vom Stachel des Geschlechtes, der ihn während seiner Einschließung oft plagte, liegt der Dichter auf dem Rasen und starrt in den unendlich weiten Himmel, und da sieht er vieles, wovon in den gleichzeitig aufgezeichneten Gesprächen – echten Faseleien eines Irrsinnigen – wahrhaftig keine Spur zu finden ist. Soweit ich weiß, war dieses Gedicht, »I am«, das einzige Werk aus der Irrenhauszeit, das bei des Dichters Lebzeiten im Druck erschienen ist. Bei dem zweiten hier zitierten Gedicht, »A Vision«, hätte ich in einem Blindversuch ohne weiteres auf William Blake als den Verfasser geraten. Es ist ganz der Tonfall der *Songs of Experience.*

V

Von den drei Dichtern, die ich ausführlicher besprochen habe, kann man also sagen, daß sie während der Zeit, in der sie geistesgestört waren, bedeutende Dichtungen geschrieben haben: Friedrich Hölderlin, Christopher Smart, John Clare. Im Falle Hölderlins waren es Gedichte, die sich in Stil und Inhalt völlig von den Werken seiner geistigen Gesundheit unterschieden. Er war, könnte man sagen, ein anderer Dichter geworden. Auch Smart erfuhr während seiner Internierung eine beträchtliche Veränderung: er wurde ein anderer, und noch dazu, was auf Hölderlin nicht zutrifft, ein weitaus besserer Dichter. Von den drei hier Genannten war Clares Produktion wahrscheinlich die größte, aber die Qualität der Werke, von denen nur ein Teil veröffentlicht worden ist, war höchst unterschiedlich. Manches ist eine halb automatische Variation von Elementen, die bereits in den Gedichten vor seiner Erkrankung auftreten; manches deutet eine Erweiterung seiner Anteilnahme an; einige Gedichte, zu denen die früher zitierten gehören, sind jedoch einzigartig, einem vielleicht nicht anderen, aber größeren Dichter angehörend. Wer diese Texte liest – es mögen zwanzig oder dreißig sein – kann nicht umhin, sich zu fragen, aus welchem Wörterbuch, aus welcher Quelle der Phantasie und der Gefühle ein so offenkundig kranker Geist hat schöpfen können. Die Feinheit und Tiefe des Ausdrucks in solchen Gedichten wie »Hesperus« oder »The Dying Child« sind mir rätselhaft; und noch geheimnisvoller erscheint mir die Fähigkeit dieses zerrütteten Kopfes, Rhythmen zu finden, die unmittelbar ans Herz gehen.

Zuerst waren sie Dichter, dann wurden sie wahnsinnig. Bei den meisten war es darauf mit dem Dichten zu Ende, und sie verfielen, rasch und wild wie Lenau oder Nietzsche, langsam und friedlich wie Robert Walser. Von manchen wird aber auch berichtet, daß sie erst im Wahnsinn zu Dichtern wurden; etwas, was ich immer, ohne dazu das Recht zu haben, bezweifelt habe. Natürlich kann einer ein großer Dichter sein, ohne je etwas geschrieben zu haben; aber dann ist er eben »ein Raphael ohne Hände«. So etwas kann man zur Kenntnis nehmen, kann aber nichts weiter damit anfangen. Wenn aber der soeben erwähnte stumme große Dichter ein einziges Gedicht hinterließe – was dann? Ich denke, wir würden es anerkennen, wenn wir nichts vom Verfasser wüßten, nicht einmal seinen Namen. So geht es ja mit der Volkspoesie. Wenn man uns aber erzählte, ein gewisser Herr Müller habe als einziges Werk »Über allen Gipfeln ist Ruh'« verfertigt, würden wir es zur Kenntnis nehmen und als das einschätzen, was es ist? Ich glaube nicht.

Hätte aber Herr Müller dieses Gedicht, dieses schöne Gedicht, in einer Irrenanstalt geschrieben, so hätte zumindest Karl Kraus es ihm geglaubt, und er hätte nicht gezögert, seiner Begeisterung Ausdruck zu geben. Der Anlaß, an den ich denke, ereignete sich im Sommer 1928. Das Datum bleibt mir unvergeßlich, denn es waren die Wochen, als ich meine erste Reise nach Amerika vorbereitete. Das Heft der »Fackel«, Nr. 781–786, vom Anfang Juni 1928, enthielt auf Seite 84 einen langen Aufsatz mit dem Titel »Aus Redaktion und Irrenhaus«. Kraus hatte einen Ausschnitt aus einer Czernowitzer Zeitung erhalten, in dem berichtet wurde, daß ein Insasse der dortigen Landesirrenanstalt, der geisteskranke Schlosser Karl Piehowicz, eine Reihe sehr schöner Gedichte niedergeschrieben habe. Es waren wirklich zum Teil bemerkenswerte Dichtungen, die da abgedruckt waren. Kraus geriet ganz aus der Fassung:

> Der größte, heute in deutscher Sprache denkende, vielleicht der einzige große Dichter, und einer der größten, die je gelebt haben, ist ein Schlosser, der in der Irrenanstalt von Czernowitz lebt. (S. 91)

Und weiter unten, auf Seite 97, nach Abdruck des Gedichtes »Einen Trunk der Liebe«:

> Nur auf den höchsten Gipfeln deutscher Lyrik, dort, wo Ruh ist; in wenigen Strophen von Claudius, Hölderlin oder Mörike, heute in Zeilen Trakls oder der Lasker-Schüler, ist, im erhabenen Einklang von Gesicht und Gehör, so Gestalt geworden, was ein Herz und die Natur einander zu sagen haben ... Das eigentliche Wunder ist, daß die Naturgewalt des Irrsinns, der man die Entbindung der Vision ohne weiteres zutraut, auch diese unglaubliche Gesetzmäßigkeit bewirkt oder zugelassen hat: über die

Symmetrie im Wechsel der kurzen und der längeren Verse und die ihr entstammte psychische Wirkung ließe sich ein Essay schreiben: über das große Pathos etwa, das die überzähligen zwei Silben diesem »letzten« Atemhauch vorbehalten.

Die Euphorie war von kurzer Dauer, denn das Fackelheft von Anfang Februar 1929, Nr. 800–805, brachte auf Seite 75 einen weiteren Aufsatz, »Aus Redaktion und Irrenhaus oder Eine Riesenblamage des Karl Kraus«. Es ist ein zum Teil besonders eindrucksvoller und lehrreicher Text, der den Kältetod, den alle Kunst in unsrer Kommerzwelt erlitten hat, ergreifend schildert. Umso verständlicher erschien es mir, der als junger Mann an viel mehr Wunder glaubte als ich es jetzt tue, daß Kraus es für möglich hielt, solche Gedichte seien gerade in einem Irrenhaus als letzter Zuflucht der Natur- und Wirklichkeitsnähe entstanden. Wem Gott die Dichtkunst schenkt, warum sollte er ihm nicht auch die Syntax verleihen? Wenn man schon in Zungen reden darf, warum nicht in erlesenen?

Es war aber anders gekommen: der selber der Sprache nur unvollkommen mächtige Kranke hatte die Gedichte aus dem Gedächtnis wiedergegeben, aus einem medialen, rätselhaft scharfen Erinnerungsvermögen. Die wahren Verfasser waren F. Th. Vischer und Paul Zech, zusammen mit zwei anderen, wenig bekannten. Eines von den Werken war übrigens eine besonders schöne Übersetzung von Verlaines »En sourdine«, die von Zech stammte.

Mit der Agnoszierung verschwand irgendwie die Begeisterung, und sie machte einer gemäßigten Hochachtung Platz. Es tat Kraus sichtlich weh zuzugeben, daß Paul Zech ein besserer Dichter war, als er für möglich gehalten hatte. Was mich angeht, so war ich verwirrt und betrübt und zog aus dem Ganzen zwei Lehren: des größten Dichters Name ist Anonym, und die Ästhetik ist eine komische Wissenschaft. Kraus jedoch besann sich auf etwas, was er elf Jahre früher geschrieben hatte, und zitierte es auf Seite 114 seines zweiten Aufsatzes:

> Ein Gedicht ist so lange gut, bis man weiß, von wem es ist, und ich maße mir an, von sprachlichen Dingen so viel zu verstehen, daß ich den ganzen Menschen dazu brauche, um seinen Vers beurteilen zu können. Er ist zugleich gut und schlecht, und ehe man das zweite weiß, ist man gerne gewillt, das erste zu glauben. Denn eben das ist dieser Spielart gegeben, zu zeigen was sie nicht hat, und so hat auch sie teil an dem großen Geheimnis der Sprache, die eben dort, wo nicht Wesen ist, umso mehr Schein zuläßt. Vermag sie kein Wunder, so vermag sie doch den Zauber. (Fackel, Nr. 484–498, S. 110.)

Die souveräne Ungerechtigkeit, die Kraus seinen Jüngern beibrachte, hat nur dann etwas Imposantes, wenn sie nicht die einzige hervorstechende Eigenschaft der Lehrlinge bleibt; aber Freundlichkeit ist auch nicht schlecht. Offenbar glaubte Kraus nicht an den alten Satz *de nihilo nihil* und war bereit, in einem Irrenhaus Wunder zuzulassen, die er im Café Central verspottet hätte. Mir zeigte jedoch der eher betrübliche Vorfall, daß die Anerkennung eines Dichters als »groß« eigentlich eine Angelegenheit der Statistik und vielleicht auch der Autosuggestion ist: jeder einzelne vibriert einer Dichtung gegenüber verschieden; wenn aber eine hinreichende Anzahl in der gleichen Richtung anspricht, so entsteht eine möglicherweise täuschende Übereinstimmung, die, von einflußreicher Literaturkritik bestärkt, einen permanenten Ruhm erzeugt. Wer diesen nicht bekräftigt, ist dann von einem gewissen Zeitpunkt an als Barbar gekennzeichnet.

VI

> Wir teilen Ihnen mit, daß aus der hier vorliegenden Deportationsliste Folgendes hervorgeht: »Herr Hans Davidsohn, geb. 16. 5. 87 in Berlin, wurde am 30. 4. 1942 unter der Nr. 8 aus der Heil- und Pflegeanstalt Bendorf-Sayn

deportiert.« Von diesem Transport kam niemand mehr lebend zurück.

12. Juni 1958

Tot ist von diesem Transport wahrscheinlich auch niemand zurückgekommen, es sei denn in Form feinster Staubteilchen, wie sie sich manchmal auf die Monumente legen, die die Nation ihren Großen errichtet hat. Die hier wiedergegebene Mitteilung stammt von dem Landesverband der jüdischen Gemeinden Rheinland-Pfalz; ich entnehme sie dem biographischen Anhang zu einer Ausgabe der Gedichte des bedeutenden frühexpressionistischen Dichters Jakob van Hoddis.[9] Vielleicht hat man ihn zweimal ausrotten müssen, denn er war Jude und wahnsinnig.

Die Störung seines Geistes hatte sich früh bemerkbar gemacht: schon mit 25 Jahren war er in Anstalten, teils freiwillig, teils gezwungen; dann ein Jahr prekärer Freiheit, seit 1914 dauernd in Pflege oder in Irrenhäusern. Hätte er im England des 18. Jahrhunderts gelebt, wäre es ihm vielleicht besser ergangen. Daß die Vernichtung der Geisteskranken eine Art von radikaler Therapie ist, wäre früheren Zeiten wahrscheinlich nicht eingefallen; das war unserem praktischen Jahrhundert vorbehalten. Darüber, wie auch über das zukünftige Schicksal verfehlter Experimente der Gentherapie, ist, fürchte ich, noch nicht das letzte Wort gesprochen.

Von den Manuskripten des Jakob van Hoddis scheint sehr viel verloren gegangen zu sein; ob er während seiner Internierung noch etwas geschrieben hat, weiß ich nicht. Seine Gedichte gehören der frühen Phase des Expressionismus an, als Syntax und Vokabular noch intakt waren. Das Gedicht »Weltende« fehlt in keiner Anthologie. Selbst in dem für den französischen Surrealismus so charakteristischen Dokument, in André Bretons *Anthologie de l'humour noir,* erscheint van Hoddis neben Franz Kafka als der einzige deutsche Dichter der Gegenwart. Seine Lyrik sprengt die Kategorien, in die wir die Welt zu unterteilen gewohnt sind; alles fällt auseinander und hängt doch zusammen. Ich möchte ein kurzes Gedicht hersetzen, das Karl Kraus im letzten Jahr, als die »Fackel« noch Beiträge anderer Schriftsteller brachte, angenommen hat (Fackel, Nr. 317/318, 28. Februar 1911, S. 40). Es fehlt in der vorher erwähnten Sammlung.[9]

Lebendes Bild

Zwei Skribenten mit zu großer Neese
Sitzen vor der Wand aus gelbem Taft;
Und sie sorgen sich um die Synthese
Der Kultur und um die Jungfernschaft.

Denn der Teufel schreitet durch die Mitte
Und ist gänzlich ohne innern Halt.
Feurig federn seine langen Schritte,
Schwarz und wechselnd ist er von Gestalt.

Und er wedelt mit dem schlangenhaften Schweife;
Denn er hat mit einer Maus gehurt,
Und im Vordergrund raucht schon die Pfeife
Seine neugeborne Mißgeburt.

VII

Die Liste könnte erweitert werden, aber es lohnt sich nicht. Die traurige Geschichte eines Lenau oder Nietzsche, wie auch die von Schumann und Hugo Wolf, ist oft besprochen worden; und im Hintergrund drängen sich noch viele andere, zum Beispiel C. F. Meyer, Heinrich Leuthold, Oskar Panizza. Obwohl Peter Altenberg zweimal in den Nervenheilanstalten Inzersdorf und Steinhof interniert war, glaube ich nicht, daß er in die Reihe der geistesgestörten Dichter gehört. Dieser liebenswerte Mann war eigentlich sein ganzes Leben genau so wie am Ende; und ich habe den gewiß unberechtigten Eindruck, daß seine zahlreichen Freunde, wenn er ihnen mit seinen Schnorrereien allzu lästig geworden war, ihn für kurze Zeit einsperren ließen. Ich glaube übrigens nicht, daß man Altenberg verstehen kann, wenn man Wien nicht kennt; ebenso wie man Wien nicht verstehen kann, wenn man Altenbergs Schriften nicht kennt. Selten hat ein so kurzes Blitzlicht ein so treffendes Porträt hinterlassen.

Ein anderer höchst liebenswerter Dichter, der viele Jahre in Anstalten verbringen mußte, hätte meine sehr günstige Meinung über Altenberg nicht geteilt; er sagte »Peter Altenberg: ein liebes Wiener Würstl. Aber die Auszeichnung ›Dichter‹ könnte ich ihm nicht geben.« Ich denke an Robert Walser. Die zitierte Äußerung steht auf S. 22 eines wirklich einzigartigen Buches.[10] Die Gespräche, die Carl Seelig im Laufe von mehr als zwanzig Jahren mit dem internierten Dichter geführt hat, sind nicht nur menschlich und sachlich von höchstem Interesse, sie zeigen auch, wie wenig gestört der Geist eines Geistesgestörten sein kann. Es ist ein Buch, das nicht nur seinem Autor und dem Dichter Robert Walser, sondern auch der Schweiz große Ehre macht. Denn anders wie sonst in Gesprächsbüchern leben und zittern Landschaft und Volk mit. Es ist der schönste Glorienschein um das Haupt eines zu wenig Geehrten.

Da Walser sogar dem Peter Altenberg den Namen eines Dichters verweigerte, möchte ich zum Schluß einen Mann betrachten, der zuerst wahnsinnig war und dann zum Dichter avancierte. In einem bereits zitierten Buch[11] bespricht Navratil eine ganze Reihe schizophrener Patienten, die während ihres Aufenthalts in der Anstalt eine Art von Gedichten schrieben, darunter am ausführlichsten den Patienten, den er als Alexander vorstellt (Seiten 88 bis 123). Alexander war nicht nur ein Dichter, er verfertigte auch interessante Zeichnungen.[12] Von den Niederschriften Alexanders sagt Navratil: »Diese Gedichte sind ›automatisch‹ entstanden. Alexander zeigte nämlich das bei Schizophrenen nicht seltene Phänomen der ›Befehlsautonomie‹. Wenn man ihn aufforderte, zu zeichnen oder ein Gedicht zu schreiben, gehorchte er ohne Widerspruch.«[11] (S. 98). Darin, aber nur darin, besteht eine Ähnlichkeit mit Hölderlin, dessen Gedichte aus der Krankheitszeit mit Ausnahme der allerfrühsten ebenfalls auf Aufforderung geschrieben worden sind.

Von den 83 abgedruckten Gedichten Alexanders möchte ich nur ganz wenige hier zitieren. Die eingeklammerten Zahlen entsprechen den Nummern in Navratils Sammlung »Alexanders Poetische Texte« [13]:

(5) Herbst

Als einsamer Melder im Walde
war ein Kuckuck ruft.
der Wind saust die Äste und
siehe da, der Herbst war da.
scherz ein großer Hahnengruß
ein Hase war ein lieber Kuß.
der Alte ließ die Wimpern fallen
wo auch im Herbst die Blätter sallen.

(44) Das Känguruh

Das Känguruh lebt in der Steppe.
Das Känguruh ist auch schön.
ist das gussen in dem Wald.
Das Känguruh stützt sich am Halt.
und wird auch gar nicht alt.
seine sechs Zehen und den Schwanz dazu.
hat auch das Känguruh seine Ruh
hengt sich das Känguruh aber an
so gibt sich leicht aus wie der Schwan am See.

(45) Der Löwe

Ach wie kein anderes Tier
so sieht der Löwe aus.
Der in nicht zu anderen Zeiten.
Keine Spur von Löwenbreiten.
Der Löwe sieht ganz anders aus.

Wie es sicher ist ein Graus.
rundherum die Pelzenmähne
und auf dem Kopf Mähnensträhne.

(74) Die Maus

Die Maus ist ein Feldtier
sie lebt hinter den Schranken
des Bahnhofes, und sitzt in der Erde.
Es nährt sich von Kukuruz
und Stroh von Mais und Hafer
daher der Name Maus.
Die Maus ist ein Plagetier
und bohrt Löcher in die Erde.

(81) Die Seerose

Die Seerose blüht am See.
Sie ist weiß wie Schnee.
Die Rose ist ein Spiel mit dem Wasser.

Daß manche von Alexanders Niederschriften etwas Dichterisches enthalten, will ich nicht leugnen. In seinem Buch[11] hat Navratil auf den Seiten 124 bis 157 sie einer sehr eindringlichen und verständnisvollen Analyse unterzogen. Die Haiku-Qualität von Nr. 81 ist allerdings eher eine Ausnahme. Daß der Name Maus von dem Mais kommt, von dem das »Plagetier« sich nährt, oder daß im Känguruh »seine Ruh« enthalten ist, sind hübsche verspielte Einfälle. Neubildungen, wie »sallen« in Nr. 5 oder »gussen« in Nr. 44 sind eher selten, aber das Sprachgerüst ist fast immer wackelig, ganz im Gegensatz zu der marmorn starren Haltung von Hölderlins Spätwerken. Diese zeichnen sich durch eine völlige Abwesenheit von Neologismen und Unsinnsworten aus; Grammatik und Vokabular sind intakt. Wenn man die Gedichte aus der Zeit von Hölderlins Wahnsinn durchliest, findet man, glaube ich, nur zwei ungewöhnliche Wendungen. In »Der Frühling« (»Die Sonne kehrt ...«) heißt es in Zeile 3: »Die Zierde der Natur erscheint sich dem Gemüte«, und in »Die Aussicht« lautet die zweite Zeile: »Wo in die Ferne sich erglänzt die Zeit der Reben«. Wer aber darüber nachdenkt, wird zugeben, daß diese Reflexivkonstruktionen eines tieferen Sinnes nicht entbehren. Ich würde denken, daß es sich hier um Gebilde handelt, ähnlich dem Verbum »sich ergehen«, in denen die allmähliche Ausbreitung eines Glanzes oder einer Erscheinung zum Ausdruck gebracht wird.

VIII

In wenigem tritt die Unmenschlichkeit des Menschen so klar zutage wie in seinem Verhalten zum Wahnsinn. Hingerichtet hat man die Geistesgestörten erst in unserem Jahrhundert, aber gefesselt und gepeitscht hat man sie durch lange Zeit. Die Besichtigung von Irrsinnigen diente ähnlichen Zwecken wie jetzt das Affenhaus im Zoo. Ein schauriges Wohlbehagen durchfuhr den Beschauer: so ähnlich, und doch so verschieden! Selbst im 18. Jahrhundert konnten die Neugierigen sich die Kranken im Londoner Bethlehem Hospital für Geld zeigen lassen. Jetzt hat die Verfachlichung unseres Lebens dazu geführt, daß man die Kranken auf wissenschaftlichere Weise bestraft: Lobotomie, Insulinschocks, elektrische Schocks und die diversen Aufdenkopfhaumittel der pharmazeutischen Industrie haben den krank gewordenen Dichtern wahrscheinlich das Handwerk gelegt; ganz abgesehen davon, daß diese ohne elektrische Schreibmaschine vermutlich überhaupt nicht dichten können. Da die Wahrheit sich jetzt nicht sehen lassen kann ohne ein *tutu* von Ideologie und politischer Reklame, weiß ich nicht, wieviel ich von den Geschichten glauben soll, die man mir von den russischen Irrenhäusern erzählt; aber schön wird es auch dort nicht zugehen.

Der Dichter im Wahnsinn: eine Vorstellung, fast noch trauriger als die vom ertaubten Beethoven. Dennoch erscheint die dichterische Sprache in vielen Fällen dauerhafter als jede andere. Tasso, Smart, Hölderlin, Clare: mögen sie alle viel Unsinn gefaselt haben in ihren täglichen Reden, ihre Dichtung zeigte am wenigsten Spuren davon. Meistens waren es Kuriositätensucher, die sich zu den Kranken drängten. Zwar besuchte der große Dr. Johnson den im Irrenhaus eingesperrten Christopher Smart, er hat aber wenig darüber erzählt. Mit Bezug auf Torquato Tasso hat sich hingegen ein wenig bekanntes Zeugnis erhalten. Der große Schriftsteller Michel de Montaigne besuchte den großen Dichter, als er im Palast der Herzöge in Ferrara eingesperrt war. Ich finde die folgende Stelle in Montaignes *Essais* (2. Buch, 12. Kapitel). Ich hätte gerne die schönen Perioden im Originaltext hergesetzt, in denen sich die Anfänge der großartigen Barockprosa spiegeln, jeder Absatz eine Kuppel von Palladio. Das Stück ist aber zu lang, und so bringe ich es nur in meiner dürftigen Übersetzung.

> Außerordentliche Geister werden durch ihre eigene Kraft und Geschmeidigkeit zugrunde gerichtet. Welch einen Sprung hat infolge seiner eigenen Unruhe und Beweglichkeit vor kurzem ein Mann getan, einer der Scharfsinnigsten und Einfallsreichsten, der mehr als irgendein anderer italienischer Dichter nach dem Beispiel jener antiken und reinen Poesie geformt war! Muß er sich nicht bedanken bei seiner mörderischen Lebhaftigkeit; bei jenem Licht, das ihn blind gemacht hat; bei jenem genauen und angespannten Einfühlungsvermögen seiner Vernunft, das ihn um die Vernunft gebracht hat; bei der vorwitzigen und emsigen Suche nach Wissenschaft, die ihn zur Dummheit geführt hat; bei jener seltenen Fähigkeit zum Einsatz seiner Seele, die ihn ohne Einsatz und ohne Seele zurückgelassen hat? Ich empfand mehr Zorn als Mitleid, als ich ihn in Ferrara in einem so jämmerlichen Zustand zu sehen bekam, als einen Überlebenden seiner selbst, der nichts wußte von sich und seinen Werken, welche ohne sein Wissen, wenn auch vor seinen Augen, unkorrigiert und unförmig in die Welt geschickt worden sind.[14]

Montaigne, in diesem Punkt seiner Zeit nicht voraus, war also der Meinung, daß der Dichter seine Krankheit sich selbst zuzuschreiben hatte. Etwas weniger Überschwang und Ingrimm, und alles hätte sich zum besten gewendet. Aus tiefer Skepsis schreibt man aber keine Gedichte, und der Wahnsinn war in Tassos Geschick verflochten wie der herrliche Wohlklang der Vokale in seine Sprache. Vielleicht wollte er sich auch mit dem glatten und kühlen Besucher in keine Diskussion einlassen, denn Torquato Tasso war vor seiner Verbiedermeierung durch Goethe ein ganz anderer Mann.

Ähnliche Vermutungen wurden übrigens auch über die Ursache von Hölderlins Geistesgestörtheit geäußert. Heutzutage, in unserem chemischen Zeitalter, denkt man eher an Mißfunktionen von Enzymen, Hormonen, Rezeptoren, man ist aber auch nicht gescheiter geworden. Den Geisteskrankheiten sind die Menschen immer ratlos gegenübergestanden. Jetzt, wo es Mittelchen aller Art gibt, helfen sich die Ärzte damit, daß sie mit Spatzen auf Kanonen schießen.

Der Besuch Montaignes bei Tasso, des großen Denkers beim großen Dichter, war also keine Sternstunde der Menschheit. Immerhin ist es schade, daß Leopardi, der in seinen *Operette morali* so wundervolle erfundene Dialoge vorstellte, nicht auch dieses Zwiegespräch sich auszudenken versucht hat.

Auch in der langen Zeit der Einschließung Hölderlins hat es zwei große Dichter gegeben, die sich mit ihm befaßt haben. Ich denke an Eduard Mörike und Clemens Brentano. Mörike besuchte den kranken Dichter zweimal, 1823 und 1826, ohne etwas Denkwürdiges darüber zu hinterlassen. Über Hölderlins späte Gedichte äußert er sich mit erstaunlicher Geringschätzung. So schreibt er am 26. Juni 1838 an Hermann Kurz: »Ich habe dieser Tage einen Rummel Hölderlinscher Papiere erhalten, meist unlesbares, äußerst mattes Zeug.«[15] Diesen »Rummel« scheint er auch verschlampt zu haben, denn außer zwei in diesem Brief zitierten Stücken ist nichts davon zum Vorschein gekommen. Brentanos Haltung war ganz verschieden; allerdings bezieht er sich mehr auf die späten Elegien und

Hymnen aus den letzten Jahren vor dem Ausbruch des Wahnsinns. Was Brentano in den schimmernden Wortkaskaden seiner Briefe über einige der Gedichte, besonders über den Anfang von »Brod und Wein«, schreibt, gehört zum Schönsten, was über Hölderlin gesagt worden ist. (An Philipp Otto Runge am 21. Januar 1810 und an Luise Hensel vom Dezember 1816.[16])

IX

Es gibt wahrscheinlich so viele Arten von Wahnsinn wie es Wahnsinnige gibt. Daß das *individiuum ineffabile* ist, haben frühere Zeiten besser verstanden als wir, die von der Statistik verleitet sind, zahlreiche Einzelne in Pakete zu schnüren, weil sich damit leichter hantieren läßt. Beim Dichten, wenn es etwas wert sein soll, kommt es aber auf den einzelnen an, denn ein Gedicht kann noch weniger von einem Komitee gemacht werden als, sagen wir, ein Gemälde oder ein Gebäude. Die Klassifikation, die Einteilung in Patientengruppen, die scharfe Definition von Diagnosen sind für die Spitalstatistik oder für das öffentliche Gesundheitswesen von Nutzen, helfen aber nicht, wenn wir die Dichter betrachten wollen, die in diesen Zeilen erwähnt worden sind. Unter diesen sind es vier, die während ihrer langen andauernden Geisteskrankheit dichterische Werke von hohem Rang geschrieben haben: Tasso, Smart, Hölderlin and Clare. Von Tasso weiß ich nicht genug, um die verschiedenen Versionen und Umarbeitungen seiner Gedichte in ihrer zeitlichen Reihenfolge auseinanderhalten zu können. Die Prosawerke, die er während seiner Krankheit verfaßte, scheinen keine Spur von Umnachtung aufzuweisen.

Christopher Smart erlebte im Irrenhaus einen mächtigen Aufschwung seiner dichterischen Kraft. Hölderlin machte eine Veränderung durch; das wenige, was erhalten ist, scheint von einer neuen Feder geschrieben. John Clares Fall ist in mancher Beziehung der erstaunlichste. Er änderte sich nicht, aber vertiefte sich beträchtlich. Dabei ist von Hölderlin und von Clare überliefert, daß ihre Reden meistens verwirrt und oft sinnlos waren.

Für diese beiden, Hölderlin und Clare, mag es gelten, daß der weltliche Mißerfolg, die Echolosigkeit ihrer Werke ein Element ihres Unglücks waren. Ich kann mir vorstellen, daß die Absurdität der menschlichen Existenz sich in manchen, besonders dünnhäutigen Wesen derart steigert, daß sie den einen in den Selbstmord treibt und den andern in den Irrsinn. Was aber treibt, kann nicht nur die Ausweglosigkeit sein, denn bei einem so völlig in diesem Gefühl Aufgelösten wie Franz Kafka hat sie nicht diese Wirkung gehabt.

Über die Mechanismen dieses Vorgangs, wenn man von Mechanismen sprechen kann, ist viel geforscht worden, und man kann Berge von Büchern lesen und wird nicht weiser. Denn in der Erscheinung des Dichters im Wahnsinn kreuzen sich viele Geheimnisse: das Geheimnis der Sprache, das Geheimnis des Dichtens, das Geheimnis des Denkens. Die beiden ersten gehören zusammen, nicht das dritte: man dichtet nicht mit Gedanken. Wenn der Gedanke Dichtung wird, hört er auf rätselhafte Art auf Gedanke zu sein. Er hat, könnte man sagen, seinen Aggregatzustand verändert. Daher liebe ich nicht die Bezeichnung Gedankenlyrik; sie kommt mir vor wie so etwas wie Senfmarzipan.

Im Kopf des Kranken wirbeln die Gedanken, die Assoziationen, die Erinnerungen umher wie die farbigen Glassplitter im Kaleidoskop. Es ist aber eines, dem der Spiegel fehlt. Dieser erst macht das Gedicht. Manchmal – selten oder häufig – tritt der Spiegel an seinen Platz; und dann ist der wahnsinnige Dichter ein Dichter: der Wirbel der Splitterchen ordnet sich zu einem Gebilde. Wer aber sagen könnte, wie das geschieht, der könnte auch sagen, wie der Dichter dichtet, und das vermag ich nicht.

Einer, der es vielleicht hätte sagen können, obwohl ich es bezweifle, Paul Valéry, schreibt in einer seiner Sammlungen von Notizen, in *Tel Quel* (Cahier B 1910): »Es gibt Verse, die man *findet.* Die andern *macht* man. Man vervollkommnet die gefundenen. Man ›naturalisiert‹ die andern.«[17] Wollte man diese Betrachtung auf die hier besprochenen Dichter anwenden, so könnte man sagen: sie finden, können aber nicht machen, noch auch das Gefundene vervollkommnen. Tatsächlich scheinen Verbesserungen in den in den Irrenhäusern erzeugten Manuskripten selten vorzukommen. Der erste Wurf ist auch der letzte. »Je ne cherche pas, je trouve« – vielleicht könnte man Picassos stolzen Ausruf auch auf den Dichter im Wahnsinn anwenden. Gewiß hätte man ihn nie an seinem Bleistift oder, jetzt, an seiner Schreibmaschine kauend, vor einem leeren Blatt sitzen sehen können. Aus welcher Quelle aber der dichterische Einfall gekommen ist, das wird mir immer rätselhaft bleiben. Der Dichter im Wahnsinn: vielleicht kann man von seinen Gedichten sagen, daß wir aus ihnen viel mehr herauslesen können als er hineingeschrieben hat.

Anmerkungen

1 Torquato Tasso, Prose (Hrsg. E. Mazzali), S. 957 ff., (Ricciardi, Milano, 1959).

2 Christopher Smart, The Collected Poems (Hrsg. N. Callan), Bd. 1, S. 348 (Routledge & Kegan Paul, London, 1949).

3 Christopher Smart, Jubilate Agno (Hrsg. W. H. Bond, Rupert Hart-Davis, London, 1954).

4 Boswell's Life of Johnson, Bd. 1, S. 265 (Oxford University Press, London and Oxford, 1927).

5 A. E. Housman, Selected Prose (Hrsg. J. Carter), S. 187 f. (Cambridge University Press, 1961).

6 Mona Wilson, The Life of William Blake (Rupert Hart-Davis, London, 1948).

7 Poems of John Clare's Madness, edited by Geoffrey Grigson (Routledge & Kegan Paul, London, 1949).

8 John Clare, Selected Poems, edited by J. W. and Anne Tibble (Everyman's Library, Nr. 563; Dent, London, 1965).

9 Jakob van Hoddis, Weltende (Hrsg. P. Pörtner, Verlag der Arche, Zürich, 1958).

10 Carl Seelig, Wanderungen mit Robert Walser (Suhrkamp, Frankfurt/Main, 1978).

[11] L. Navratil, Schizophrenie und Sprache (Deutscher Taschenbuch Verlag, München, 1966).
[12] L. Navratil, Schizophrenie und Kunst (Deutscher Taschenbuch Verlag, München, 1965).
[13] Alexanders Poetische Texte. Herausgegeben von L. Navratil. München 1977.
[14] Michel de Montaigne, Les Essais (Hrsg. P. Villey and V.-L. Saulnier), S. 492 (Presses Universitaires de France, Paris, 1965).
[15] E. Mörike, Briefe (Hrsg. G. Baumann und S. Grosse) S. 441 (Cotta, Stuttgart, 1959).
[16] Clemens Brentano, Briefe (Hrsg. F. Seebass), 2. Bd., Seiten 7, 180 f., 191 f. (Hans Carl, Nürnberg, 1951).
[17] Paul Valéry, Oeuvres (Hrsg. J. Hytier), 2. Bd., S. 591 (Pléiade, Gallimard, Paris, 1960).

4. Sprachmeditationen über das Anderssein

I

Wenn man alt wird, wird alles autobiographisch. Was man erlebt, was man liest, alles hat Beziehungen zu einer Vergangenheit, bei der man dabeigewesen ist, es sei denn, daß der barmherzige Schleier des Vergessens sich bereits darüber gebreitet hat. Bei mir ist das eigentlich nicht der Fall. So las ich zum Beispiel – und das mag ein weithergeholtes Beispiel scheinen – ein recht gutes, vor kurzem erschienenes Buch über den großen englischen Dichter John Donne.[1] Mit diesem nicht leicht zu verstehenden, sehr bedeutenden Lyriker, Satiriker, Kanzelprediger habe ich mich seit undenklicher Zeit befaßt, seit ich als junger Mann, 1930, die neu erschienene ausgezeichnete Nonesuch-Ausgabe seiner Werke erstand. Nun schildert der Verfasser des neuen Buches die verschiedenen philosophischen Einflüsse, die zur Bildung des Dichters beigetragen haben, und da kommt er auch auf Agrippa von Nettesheim zu sprechen und auf dessen einflußreichen Traktat *De Incertitudine et Vanitate Scientiarum et Artium.* Ich habe dieses Buch nie in der Hand gehabt, aber der Titel klang vertraut, denn auch ich habe in den letzten Jahren das Nachdenken über die Ungewißheit und Eitelkeit der Wissenschaften und Künste zu einer Art von Kleingewerbe gemacht. Auch daß Agrippa manchmal als Scharlatan bezeichnet wird, hat mich angenehm berührt, denn unter meinen Bekannten zähle ich einige der bedeutendsten wissenschaftlichen Scharlatane der Gegenwart. Nur war Agrippa anscheinend ein Skeptiker, während jene vielmehr Enthusiasten des zukunftsprallen Augenblicks sind.

In dem besagten Buch schreibt also John Carey über Agrippa:

> ... His major point, constantly reiterated, is that truth can be apprehended by "no human discourse of Reason",

> and that knowledge of any kind is not only inevitably fallacious but harmful, inducing pride and contempt of God. He attacks every branch of learning from agriculture to rhetoric ...
>
> At bottom Agrippa is not so much an authentic sceptic as an envious freelance, activated, like most misfits, by hatred of established professions and institutions. In the heat of his indignation he is apt to forget all about his scepticism.[2]

Diese Worte, die den unseligen, hiemit zerschmetterten Cornelius Agrippa vielleicht zu einem lateinischen Haßpamphlet aufgestachelt hätten, mußten auch mich aufhorchen lassen. Denn nicht nur hörte ich die Stimme des gekränkten Fachmanns, dessen Herz für alle attackierten Spezialitäten blutet – von der Landwirtschaft bis zur Rhetorik –, sondern das zu erwartende, automatisch ausgespuckte und jede Entgegnung abschneidende Schimpfwort eines *misfit* hatte es mir angetan. *De te fabula narratur* – diese Geschichte handelt von dir –, sagte ich mir, denn oft hat mich dieses Wort umflüstert und umschrien auf meinem Lebensweg, meistens auf einen Kollegen bezogen, manchmal auch auf mich. Allerdings die Anwendung einer überaus oberflächlichen Tiefenpsychologie, vielleicht noch möglich bei dem als Laien enthüllten Agrippa, mußte in meinem Falle versagen: »auch ich war Prinz einst von Arkadien«, ein mit allen Ölen des Expertentums gesalbter Fachmann. Alle Wohlgerüche Arabiens reichen nicht aus, um diese Öle zu entfernen: einmal gesalbt, immer gesalbt, selbst wenn man vergessen hat, wie sich das Zeug schreibt, von dem man gelebt hat. Das ist wahrscheinlich die Tragik des sich überlebenden Naturforschers, und nicht nur des alt gewordenen: ich kenne Wissenschafter, die es schon mit fünfzig Jahren verdienen, hundertfünfzig Jahre alt zu sein.

Das ist allerdings nicht die Richtung, die ich den gegenwärtigen Überlegungen zu geben wünsche; eine Autobiographie pro Mann ist genug oder vielleicht zuviel. Heute und hier will ich an den Wörtern haften und aus ihnen Worte machen. (Das ist, glaube ich, ein völlig unübersetzbarer Satz, obwohl das Französische, zwischen *mot* und *parole*, noch einige Möglichkeiten bietet.)

II

Nicht alle Sprachen sind so grimmig und das englische Wort *misfit* steht meines Erachtens allein da, herausragend aus der lexikalischen Einöde. Natürlich war es eigentlich ein Schneiderwort »das, was nicht paßt« – und bezeichnete seit 1823 ein nicht richtig sitzendes Kleidungsstück; ein späteres Zitat im *Oxford English Dictionary* bezieht sich auf künstliche Augen. Erst seit 1903 ist es im gegenwärtigen Sinn gebucht, und erst das Supplement des großen Wörterbuchs (Bd. 2, S. 973) gibt die entsprechende Definition: »jemand, der nicht hineinpaßt in seine Umgebung, seine Arbeit usw.«. Eine erlesene Illustration aus der höhern Literatur wird beigefügt, nämlich T. S. Eliot in seinem nicht besonders gelungenen Theaterstück *The Family Reunion:* »The very moment when you are wholly conscious / Of being a misfit, of being superfluous.«[3] Ähnlich definiert das die amerikanische Norm dominierende Wörterbuch, der große *Merriam-Webster* (3. Aufl., S. 1443): »jemand, der seiner Umgebung schlecht angepaßt ist«, die dort angeführten Beispiele gehören eher dem soziologischen Spezialjargon an, sie sprechen von sozialen »misfits« oder von »misfits« und Delinquenten. Wie alles, was jenes mysteriöse Gebilde, die Gesellschaft, nicht gutheißt, wird das Wort zum Schimpfwort, besonders in den Vereinigten Staaten, wo die Meinungsfreiheit nur so lange geschützt ist, wie man sie nicht ausübt. Ist dieses Wort also nur ein Knüppel der Demokratie oder ein Instrument zur Beschneidung dessen, was nicht zur Deckung zu bringen ist?

Bevor wir versuchen, eine Antwort zu geben, müssen wir uns ein bißchen mehr in der Sprachlandschaft umschauen. Ich glaube, man wird finden, daß das Wort »misfit« recht einzigartig ist. Die verschiedenen Thesauren, Wortschätze und Synonymenwörterbücher durchackernd, finde ich in keiner mir zugänglichen Sprache ein einzelnes Wort, das jenem entspräche. Den Ausruf »you are a misfit!« kann ich mir sehr gut vorstellen, kaum aber »Monsieur, vous êtes un inadapté!«. Jenes ist ein Peitschenhieb, dieses die Klage eines Buchhalters. Das hat nichts damit zu tun, daß Englisch eine rauhe und Französisch eine höfliche Sprache ist. Gröber als ein Deutscher oder ein Russe braucht man nicht zu sein, und doch fehlen in beiden Sprachen – ich sehe natürlich vom Slang ab – wirkliche Entsprechungen. Es muß also umschrieben werden, was den Tod jeder Schöpfung bedeutet: man ist ein Fisch außerhalb des Wassers, ein runder Stift in einem viereckigen Loch, und was nicht alles. Die meisten Sprachen, wenn sie schimpfen wollen, bezweifeln nicht die soziale Anpassungsfähigkeit des Gegners, sondern halten sich an seine schwindenden Geisteskräfte: »drôle, bizarre, maniaque, cinglé, toqué, ein kompletter Narr, ein Querkopf, a crank, a screwball, queer, eccentric« usw.

Wenn ich im Langenscheidtschen Handwörterbuch nachsehe, wird mir als Übersetzung von »misfit« entweder ein ganzer Satz angeboten oder das Wort *Eigenbrötler*. Auch das ist eine eigenartige Bezeichnung, und die Situation wird noch eigenartiger, wenn ich bemerke, daß die deutsch-englische Abteilung desselben Wörterbuchs »Eigenbrötler« nicht mit »misfit« übersetzt sondern mit »eccentric«. Der im Irrgarten der Synonymik herumtaumelnde Dilettant wird dadurch noch verwirrter, und so beschließt er herauszufinden, was hinter den Wörtern versteckt sein mag.

III

Das Bedeutungsfeld, das ich näher betrachten möchte, bezieht sich demnach auf jemanden, der von seiner Umgebung absticht. Man kann natürlich abstechen durch Schwach- oder Wahnsinn, Armut, Unreinlichkeit, aber auch durch ungewöhnlich hohe Geisteskraft. All das lassen wir aus, uns auf denjenigen beschränkend, der einfach absticht, indem er anders ist; und wenn wir den Puls der Sprachen zu fühlen verstehen, werden wir bemerken, daß der Betreffende absticht, nicht nur weil er anders ist, sondern weil er sich abschließt, sich absondert. Hinter manchen dieser Wörter höre ich eine Art von Grollen, von enttäuschter Freundlichkeit: »wir hätten ihn ja so gerne umarmt, aber er hat sich ganz mit Stacheln besetzt!«. Das Rudel von schwarzen Schafen ärgert sich, weil eines von ihnen weiß geboren wurde; und anstatt sich bei der DNS zu beschweren, beklagt es sich bei deren Produkt. Das ist allgemein menschlich, und ich sollte es eigentlich nicht den Schafen in die Wolle schieben.

Ich beginne mit einem Wort, das in den meisten Sprachen in der gleichen Bedeutung vorzukommen scheint: *Original.* Das ist natürlich ein uraltes, seinen lateinischen Ursprung *(origo)* wahrhaftig schon im Namen tragendes Wort. Die uns hier interessierende Nebenbedeutung nahm es erst recht spät an: im 17. Jahrhundert im Englischen (»a singular or eccentric person«) und im Französischen (»bizarre, excentrique«), im 18. Jahrhundert im Deutschen (»eigentümlicher Mensch, Sonderling«). Es wird, wenn ich nicht irre, wohlwollend gebraucht, leicht spöttisch, aber nicht abfällig. Das kommt auch in der wortreichen Definition des neuen Großen Wörterbuchs der deutschen Sprache (Duden) zum Ausdruck: »jemand, der unabhängig von der Meinung anderer in liebenswerter Weise durch bestimmte Besonderheiten auffällt, die oft auch in der Lebensweise und im Auftreten in der Öffentlichkeit zum Ausdruck kommen.« Auch das dazugehörige Adjektiv »originell« ist ein Attribut des Lobes.

Während dieses Wort wenig Nachdruck legt auf das Anderssein, ist das bei den andern Bezeichnungen nicht der Fall. Ich habe nur eine kleine Auswahl aus den deutschen Wörtern getroffen, und da haben wir: Außenseiter, Eigenbrötler, Einzelgänger, Kauz und Sonderling. Bis auf die erste, die 1894 aus dem Englischen übernommen worden ist, sind das recht originelle Bezeichnungen, deren Entsprechungen in andern Sprachen, nach den Wörterbüchern zu schließen, dürftig sind.

Das englische *outsider*, ursprünglich ein Sportbegriff, wird seit 1852 (bei Dickens) im gegenwärtigen Sinn verwendet und ist auch ins Französische, bzw. ins *Franglais*, übernommen worden. »Eigenbrötler« wird mit »eccentric« (engl.) und »original« (fr.) übersetzt, »Einzelgänger« mit »lone wolf« (engl.) oder »solitaire« (fr.), und auch für die beiden andern Wörter, Kauz und Sonderling, findet sich nichts Eigentümliches, auf eigenem Sprachboden Gewachsenes. Nur im Russischen finde ich eine den letztgenannten deutschen Wörtern entsprechende Bezeichnung, nämlich *čudák*, eine Ableitung vom russischen Wort für »Wunder«.* Aber – ich komme bald darauf zurück – dafür gibt es im Englischen das allen Ansprüchen der Eingeborenheit genügende Wort *misfit*.

Ich weiß nicht, ob mein Eindruck berechtigt ist, daß die deutsche Sprache besonders reich ist an autochthonen Bezeichnungen für das Nichtdazugehören, für das Anderssein. Auch fehlt ihnen jene gewisse Gutmütigkeit, jene Bonhomie, die zumindest ich herauszuhören glaube, wenn man so etwas sagt, wie *c'est un drôle de type* oder *il n'est pas de la partie*. Die deutschen Wörter haben alle so etwas Steppenwölfisches an sich: nicht nur er hat sich von der Welt abgeschlossen, die Welt hat sich von ihm abgewandt. Tatsächlich fragt man sich, was zuerst geschehen ist.

IV

In seiner allgemeinen Grimmigkeit ist allerdings das englische Wort *misfit* kaum zu schlagen. Mit calvinistischer Entschiedenheit spricht es ein gnadenloses Urteil aus. Der Bock

* Eine Stelle aus einem Roman von Alexander Kuprin gibt einen guten Begriff: »Ihr geschätztes Onkelchen war zeit seines Lebens ein großes Original, das heißt ein Misanthrop, ein ungeselliger Mensch und sogar, sagt man, ein Alchimist. Mit einem Wort, was man einen *čudák* nennt.«

als Gärtner mag dem Gartenbesitzer Schaden bringen, nicht aber sich selbst; es geht ihm sehr gut, er ist kein *misfit.* Auch der brave Soldat Schwejk ist es nicht; im Gegenteil, es ist der Rest der Armee, der nicht zu ihm paßt. Der *misfit* hingegen ist der Ausgestoßene. Kommt er auf einen grünen Zweig, so muß das ein Giftbaum sein. Denn er ist zugleich zu lang und zu kurz, zu dick und zu dünn, zu gescheit und zu dumm. Wenn die Leute ihn sehen, sträubt sich etwas in ihnen, er berührt sie unangenehm, und das auf den ersten Blick, zu einem zweiten kommt es nicht. Das Urteil ist unumstößlich, denn es ist prädestiniert.

Es ist vielleicht bemerkenswert, daß das Wort erst am Anfang unseres Jahrhunderts seine gegenwärtige Bedeutung erhalten hat, und zwar in einem Land mit einem besonders stark ausgebildeten gesellschaftlichen Gefüge, fast in einem Kastenstaat. Obwohl das Wort in England aufgekommen zu sein scheint, wird es jetzt besonders häufig in den Vereinigten Staaten mit ihrer viel lockerern Demokratie angewendet. Ob das daher kommt, daß Amerika schon seit vielen Jahrzehnten an Psychologitis leidet, kann ich nicht sagen. Jedenfalls wird der Teamgeist – oder besser, die Fähigkeit nicht abzustechen – schon in den frühesten Jahren besonders eingebleut. Wenn ich hingegen den spielenden Kindern im Jardin du Luxembourg zusehe, so zeichnen sich schon die Dreijährigen durch übertriebenen Individualismus aus. (Leider wird später auch aus ihnen nichts Besonderes werden.)

Die Bezeichnung ist von der Gemeinschaft aus gesehen, sie stempelt den Betroffenen als gesellschaftlichen Krüppel. Sie eignet sich daher besonders gut als Hohn und Schelte, denn daß der Hinkende oder der Bucklige komisch ist, scheint ein der menschlichen Spezies, soweit sie mir unter die Füße läuft, angeborenes Gefühl zu sein. Der als *misfit* Enthüllte kann nichts andres tun als sich in einem Winkel zu verstecken. Wer aber hat eigentlich dieses Urteil über ihn gefällt? Kein einzelner hat es getan, und die Gemeinschaft hat keine Stimme. Trotzdem wird man finden, daß neun von zehn in einen Chor einstimmen, der keinen Vorsänger hat. Nun scheint es so zu sein, daß Genies sich im allgemeinen nicht wohl fühlen unter Genies, Idioten aber sehr wohl unter Idioten. Es kommt zu einem unhörbaren Einzelzirpen, und das schwillt bald an zu einem Orgelforte: Volkes Stimme ist Gottes Stimme. Dennoch habe ich den Eindruck, daß Gott hörbarer war, als die Völker schwiegen.

Das Wort hingegen bietet sich dem Menschen nur an, er hat es nicht erfunden. Über die Entstehung der Sprache ist viel gefaselt worden, die Entstehung der Wörter bleibt mir ein Geheimnis, zu dessen Lüftung ich die Neurophysiologen, die Soziolinguisten, und was es noch an ähnlichen Wissensfreunden geben mag, nicht einladen möchte. Vor hundert Jahren hat sich also aus unerkannten Tiefen dieses Wort *misfit* erhoben und eine neue Sorte von Menschen geschaffen, indem es sie benannte. Das ist eine Genesis, eine Schöpfung, die immer noch fortdauert, denn der Baum der Erkenntnis hat nicht aufgehört, neue, nie zuvor gesehene Blüten zu treiben.

Dagegen ist es vielleicht ein Zeichen unsrer Zeit, daß der geistige Buckel, der seinen Träger daran hindert, sich der Masse fugenlos einzufügen, zum Anlaß oberflächlichen Psychologisierens genommen wird. Wer bestimmte Erscheinungen der Gegenwart kritisiert, zeigt damit, daß er in seine Zeit nicht hineinpaßt. Das ist natürlich ein Blödsinn: Zeit ist nicht etwas, was man sich aussucht; sowenig wie der Kiesel im Bach sich die Tropfen aussucht, die ihn benetzen. Das Herumstochern in der Seele, die jetzt offiziell Psyche heißt, ist jedoch eine Profession geworden, und als solche immun gegen Kritik; und wenn, in dem Zitat des ersten Abschnitts dem Agrippa etwas nicht recht ist, bedeutet das, daß er ein *misfit* ist und daher neidisch. Warum man die Fachleute, diese armen Gefangenen ihres Broterwerbs, beneiden soll, mag rätselhaft erscheinen, ist es aber nicht für den Fachmann. Säulenheilige messen den weltlichen Erfolg ihres Eremitentums an der Höhe der Säulen, auf denen sie sitzen. Nur müssen sie ihren Bewunderern sichtbar bleiben, was eine gewisse Beschränkung der Säulenhöhe mit sich führt, es sei denn, das Gefolge habe sich mit Operngläsern ausgestattet.

V

Viel weniger grimmig und weniger definitiv, aber dafür zahlreicher, sind die von der deutschen Sprache angebotenen Bezeichnungen. Einige der bereits aufgezählten Wörter haben jedoch vor dem englischen *misfit* eines voraus: sie sind älter. So wird z. B. *Kauz* schon seit dem 16. Jahrhundert in dem Sinne gebraucht, den das große Duden-Wörterbuch folgendermaßen definiert: »auf liebenswerte Weise sonderbarer, eigenbrötlerischer Mann«. (Ob für Damen das Wort »Käuzin« zur Verfügung steht, wird nicht gesagt – oder sind sie alle Originale oder keine?) Auch das Wort *Sonderling* ist ehrwürdig, 1522 gebucht; Luther sagt es 1525 von »den Jüden« – das erste schüchterne Schneeglöckchen! –, auch wettert er »wider alle Rottengeister und Sonderlinge«. Das Wörterbuch der deutschen Gegenwartssprache (Akademie-Verlag, Berlin) gibt die folgende Erläuterung: »Mensch, der durch sein von der Norm abweichendes, sonderbares, merkwürdiges Wesen und Verhalten auffällt und sich oft von der Gesellschaft isoliert«. Auch dieser Ausdruck bezieht sich also, wie *misfit,* auf »die Gesellschaft«, entbehrt aber des gehässigen Untertons, denn dem Sonderling wird nicht nachgerufen, er sei eine soziale Mißgeburt.

Dann gibt es noch das seltsame Wort *Eigenbrötler.* Das ist eine erst im vorigen Jahrhundert aufgekommene Bezeichnung, die aus dem Schwäbisch-Alemannischen stammt und eigentlich einen Junggesellen beschreibt, der sein eigenes Brot selbst bäckt. Die gegenwärtige Beschreibung des Ausdrucks im großen Duden-Wörterbuch lautet: »Mensch, der sich absondert, seine Angelegenheiten für sich allein erledigt und andern in seinem Verhalten merkwürdig, oft mürrisch-unfreundlich erscheint«. Obwohl dem Eigenbrötler hier mürrische Unfreundlichkeit nachgesagt wird, höre ich sie aus dem Worte und seinen Anwendungen nicht heraus. Auf so einen Menschen sollten nur die Bäcker bös sein. In der Tat, wo es keine Bäcker gibt, muß ein jeder ein Eigenbrötler sein; und wo das erhältliche Brot ungenießbar ist, muß er es werden.

Was die anderen, mir zugänglichen Sprachen betrifft, so bieten sie, wie schon gesagt, wenig Urwüchsiges. Was davon vorhanden ist, schweift mehr in fernere Gebiete ab, wie das Alleinsein, die Einsamkeit, die Abgeschiedenheit, die Verlorenheit usw. Das würde uns zu weit entfernen von dem Anderssein.

VI

Bevor ich in Hegels Logik, und auch in seine Enzyklopädie (§ 92 ff.), hineinschaute, hatte ich gedacht, ich wisse, was »anders« bedeutet. Nachher wurde es allerdings dunkler, ohne daß ich heller wurde. Trotzdem weiß ich, daß wenn ich sage »Alle Menschen sind gleich«, ich eine teilweise Wahrheit ausspreche; sage ich jedoch »Alle Menschen sind anders«, so ist das entweder ein Unsinn oder tiefsinniger als ich das Recht habe zu sein. Ohne Bezugspunkt geht es bei »anders« nicht; manchmal können wir ihn nicht finden, so wie Archimedes vergeblich den berühmten Punkt suchte, von dem aus er die Welt bewegen könnte.

Eigentlich dekretiert es das Gesetz des ewigen Wechsels, daß, wo es ein Etwas gibt, es auch ein Nichtetwas, also ein Nichts, geben muß und auch ein Anderes, welches das sich verändernde Etwas sein kann. Darüber haben viele weise Köpfe nachgedacht; ein Nachdenken, das manchmal dadurch erschwert wurde, daß die Sprachen, mit deren Beistand sie dachten, nicht über die Klugheit der griechischen oder der lateinischen Sprache verfügten: das Lateinische unterscheidet zwischen zwei Begriffen von »ander«, *alter*, der andere von zweien, und *alius*, ein anderer von vielen. Die gegenwärtigen

Betrachtungen über das Anderssein handeln also eher von den *alii,* jedoch der philosophische Fachausdruck, der zur Zeit der Scholastik aufkam und auch in das Französische und Englische eindrang, lautet *alteritas.* Die deutsche Mystik des Mittelalters übersetzte das Wort als »Anderheit«, und so steht der Ausdruck auch in den Wörterbüchern des Mittelhochdeutschen.

Allerdings war es bis vor kurzem so, daß jeder *alius* gegenüber dem einzelnen, der ihn be- und verurteilte, zu einem *alter* wurde; und das verhinderte voreilige Verallgemeinerungen. Erst in unsrer Zeit, da die Massenmeinungsindustrie jedes Urteil vorwegnimmt und unwiderruflich prägt, ist dieser nützliche Schutz des einzelnen Menschen geschwunden: sogenannte Minderheiten werden in Bausch und Bogen verdammt, denn auf dem Gemeinplatz stehen nur Totschläger.

Die instinktive Fähigkeit, den Nebenmenschen als anders gefügt oder geartet zu erkennen, ist eine geheimnisvolle Gabe des Menschen, und vielleicht nicht seine glücklichste. Was sich ihm als eine andere Gestalt aufdrängt, ist aus unzähligen nebelhaften Bestandteilen zusammengefaßt, die er sicherlich nur zum geringsten Teil beschreiben kann. Daß der andere nicht er ist, lehrt ihn sein Ichgefühl, das er schon lange vor dem Kindergarten erworben hat; daß aber dieser andere nicht nur existentiell, sondern auch qualitativ von ihm verschieden ist, das kommt aus einem Wissen, das er kaum zu erklären vermag. Wenn er sich einmal in einem Kleidergeschäft in einem dreiteiligen Spiegel mit Seitenflügeln betrachtet hat, kennt er vielleicht die metaphysische Angst, die ihn ergriffen hat beim Gedanken, er sei ein andrer. Erst wenn es zum Zahlen kommt, findet er sich selbst: eine Form von Individuation durch das Scheckbuch, die unserer Epoche durchaus angemessen wäre.

Daß man sich vor dem Andern, dem Fremden fürchtet, muß in frühen Zeiten allgemein gewesen sein. (Die Ewige Wiederkehr hat es gefügt, daß, wo ich lebe, es jetzt wieder auch so geworden ist.) Nicht umsonst stammt das lateinische

Wort *alienus,* der Fremde, von *alius,* dem Andern.* Wenn aber die Volksweisheit den Schluß gezogen hat, der Mensch sei für den Menschen ein Wolf – *homo homini lupus* –, so hat sie damit das Volk der Wölfe verleumdet; es sollte heißen *homo homini homo.* Jedenfalls ist das Bewußtsein von der Fremdheit und daher der Gefährlichkeit des Andersseins ein Teil des Menschlichen.

Es ist aber Zeit, daß wir die freundlichen Gefilde der Sprache verlassen und in die wirkliche Welt zurückkehren, in die so grauenhaft blutbefleckte Welt.

VII

Die Anderheit, das Anderssein? Die Wörter klingen sonderbar, vielleicht weil sie eine nicht eingestandene Vergleichsform enthalten, ein Nicht-so-sein, ohne daß wir erfahren, wie das So-sein aussieht. Und doch ist die Anderheit wahrscheinlich eine der unumgänglichen Bedingungen des Lebendigen. Lebewesen, die einander völlig glichen, wären nicht lange fortpflanzungsfähig, denn ihr durch allmähliche Mutation unterminierter Erbapparat bedürfte dringend auswärtiger Auffrischung. Wenn mir die Mikroorganismen entgegengehalten werden, muß ich darauf hinweisen, daß wir den Individuationsprozeß einer Bakterienzelle nicht mitmachen können. Vielleicht gibt es sogar diesen, und das Gesetz der Veränderung mag auch hier nicht aufgehoben sein.

Die Menschen fürchten sich vor dem Anderssein und übertragen diese Furcht auf den andern. Hier eine sehr treffende Bemerkung von Roland Barthes [4]:

* Auch andere Sprachen weisen ähnliche Zusammenhänge auf. Aus einem andern lateinischen Wort für den Auswärtigen, den Fremden, *extraneus,* stammen die französischen und englischen Bezeichnungen für »sonderbar«: *étrange,* bzw. *strange,* wie auch für »den Fremden«: *étranger,* bzw. *stranger.* Ebenfalls im Russischen: *straná,* »Land«; *stránnik,* »Wanderer«; *stránnyi,* »sonderbar«.

Car c'est l'un des traits constants de toute mythologie petite-bourgeoise, que cette impuissance à imaginer l'Autre. L'altérité est le concept le plus antipathique au »bon sens«.

Das Anderssein erschreckt gewiß nicht nur den Kleinbürger, obwohl sich dieser dabei besonders rabiat und lächerlich benimmt; es ist der allgemeine Menschenschreck.* Daher stammt der groteske Drang der Reichen dieser Erde, sich klonieren zu lassen. Sie scheinen zu glauben, daß die Vervielfältigung ihrer Knollennase von der ihres Reichtums begleitet sein wird. Vielleicht haben sie sogar recht, und dieser ist fortpflanzungsfähiger als jene. In der Tat, bevor die Welt gänzlich verarmt ist, wird man das Gen für Texasmilliardäre entdeckt haben; und falls es zu jener Zeit noch genetische Industrien gibt, werden die Aktien wieder hinaufgehen.

Unterdessen ist jedoch viel Blut geflossen wegen des Andersseins. Wenn in uralten Zeiten ein Rudel in den Bereich eines andern eindrang, gab es sicherlich Blutvergießen, und der Kampf um das Brot war gewiß ein blutiger Kampf. Das war aber mehr einem Anderswosein zuzuschreiben als einem Anderssein. Schließlich führten auch Schweizer Kantone Krieg miteinander, obwohl selbst die von ihnen erzeugten Käse ununterscheidbar waren. Geographische, dynastische oder religiöse Unterschiede sind eigentlich nicht die Elemente der Anderheit, an die ich hier denke. Die Kämpfe um Spartakus, die Ausrottung der Karthager, der Katharer, der Albigenser usw. gehören kaum zum Gegenstand dieser Zeilen; eher schon die Vernichtung der Templer, der Wiedertäufer oder die Bauernkriege des 16. Jahrhunderts. Aber in den Racheaktionen gegen die Aufständischen der achtundvierziger Jahre, in den Hinrichtungen nach dem Zusammenbruch der Pariser Kommune bricht sich der Haß gegen die andern Bahn, die

* In der fünften Szene von Sartres *Huis Clos* heißt es daher mit Recht: »L'enfer, c'est les Autres.«

Furcht vor dem Anderssein.* Dabei waren das nur schüchterne Vorboten unserer Zeit, deren das Gewissen des einzelnen betäubende Brutalitäten wahrscheinlich nur durch die uns bevorstehende Zukunft übertroffen sein werden.

Im Mund des Schwachkopfs ist das Klischee eine mörderische Waffe. Wenn Wörter ein Gewissen hätten, würde ich sagen, daß das Wort »ander« viel auf dem Gewissen hat. Es begann unschuldig und bedeutete anfänglich nur das zweite oder den zweiten. Bald aber stieg es zu einem Werturteil, zu einer Verdammung auf und stand für alles, was nicht das herrliche Ich ist. So ist das andere immer im Weg und muß weg. Die Indianer Amerikas waren anders als die Eindringlinge, die Neger Afrikas unterschieden sich von den Kolonisatoren, selbst die Ainus waren leider keine Japaner. Die Weltgeschichte ist die Geschichte vom ewigen Wechsel, der sich jedoch heutzutage oft als ungedeckt erweist, denn was nachher kommt ist dasselbe, nur ärger.

VIII

Die Erkenntnis, daß keine zwei Menschen einander gleichen, nicht einmal eineiige Zwillinge, nicht einmal der Klon des Mr. Smith aus Houston, genügt nicht zum Verständnis des Andersseins. Denn jene Ungleichheit bezieht sich auf ein biologisches Anderssein, für das meistens ein sehr subtiles Unterscheidungsvermögen erforderlich ist; eine Fähigkeit, die uns bei der Betrachtung anderer Spezies fast gänzlich fehlt. Katzen und Hunde kennen wir zu gut; aber bei einer Schabe fragen wir uns nicht, ob das eine edle Schabe ist, und wir scheren uns wenig über die Moral oder den Intelligenzquotienten einer

* Selbst der weise, weltabgewandte Philosoph Schopenhauer hielt es für angemessen, dem Offizier, der die Beschießung der Frankfurter Revolutionäre durch die österreichischen Truppen leitete, seinen »großen doppelten Opernkucker« hinüberzuschicken. (Brief an Julius Frauenstädt vom 2. März 1849.)

Fliege. Vielleicht haben wir unrecht, aber das ist eine andere Sache.

Es gibt aber ein gleichsam transzendentes Anderssein, das oft höchst materielle und tödliche Folgen hat. Den Reichen haben die Armen immer gestunken, aber der Fachausdruck des *foetor iudaicus* gehört in eine besondere Kategorie: er führt direkt von den Autodafés zur verfeinerten Ausrottungstechnologie der Gegenwart. Was in der ersten Hälfte unsres Jahrhunderts an Greuel geschehen ist, zum Beispiel die Vernichtung der Armenier in der Türkei, der Kulaken in Rußland, der Juden, Zigeuner usw. in Deutschland, kann nur zum Teil als eine Wiederholung alter häßlicher Motive der Weltgeschichte betrachtet werden. Besonders das letzte Beispiel trägt für mich das Zeichen der Erstmaligkeit, weil es gelungen ist, viele Millionen von »andern« aus der biologischen Spezies, der sie scheinbar angehören, zu verstoßen, sie in ein Ungeziefer zu verwandeln – Millionen von Gregor Samsas –, dessen Ausrottung nicht einmal ein Weidheil verdient. Einstmals von Müttern geboren, wurden sie als Käfer verbrannt. Man muß zittern bei dem Gedanken, daß wie jeder technische Fortschritt auch dieser in der Zukunft vielfache Nachahmung finden wird.

Der immanente Wahnwitz des Unternehmens scheint anfänglich wenigen klar gewesen zu sein. Es kostümierte sich nämlich als der althergebrachte, historisch approbierte Fremdenhaß: bekanntlich haßt der Grieche den Türken, der Türke den Armenier, der Franzose den Deutschen, der Deutsche den Juden, der Jude den Araber, der Braune den Gelben, der Weiße den Schwarzen usw. Der Zustand des Menschseins ist leider nicht identisch mit dem Zustand der Menschlichkeit. Daß das besagte, in vieler Beziehung neuartige Experiment werde scheitern müssen, war zu jener Zeit nur wenigen Bedächtigern offenkundig. Dazu mußten diese allerdings einen Standpunkt etwas rechts oder etwas links von der gesamten Menschheit finden, sozusagen in einem spitzen Winkel zum Universum.

Denn es wird sich herausstellen, daß man »die andern« nicht loswerden kann. Hat man sie alle eliminiert, so wird man einige »der Unsern« dazu delegieren müssen. Die Welt ist eben dialektisch zusammengesetzt. Das Höhere braucht das Tiefere, das Anerkannte braucht das Verrufene, das eine braucht das andere.

IX

Daß das Anderssein das Unerträglichsein einschließt, ist wahrscheinlich zum Teil ökonomisch oder sozial bedingt. Man ist bedrückt, beengt und daher froh, sich auf etwas entladen zu können, was herausragt oder sonst auffällt. Wären alle Briefträger rothaarig, so würden die einen die Rothaarigen verfolgen und die andern die Briefträger. Es gibt nichts auf der Welt, was nicht den einen oder andern wütend macht. Zu der Weisheit des Hundertblumenblühenlassens kann sich nur ein alter müder Mann aufschwingen. Darum hat es wahrscheinlich immer Massenvertreibungen gegeben – die der Juden und Morisken aus Spanien, der Hugenotten aus Frankreich, der Protestanten aus Österreich –, aber in den frühern Jahrhunderten ging das noch relativ zivilisiert vor sich. »Hermann und Dorothea« ist ein idyllisches Gedicht.

Das alte Rom – »die Römer sind Nazis, die wirklich tausend Jahre Zeit gehabt haben« [5] – selbst Rom hat es nur selten zuwegegebracht, ganze Völker auszulöschen. Vielleicht fehlten ihm aber auch nur die technischen Mittel. Eher jedoch war es ein Verlöschen, ein allmähliches Sichauflösen, ohne Vernichtung der Erbmasse. Nur vom Teufel Besessene – Schaum vor dem Mund, Nebel vor den Augen – konnten es auf sich nehmen, die Welt durch systematischen Mord von Millionen zu säubern.

Die meisten Menschen verbringen jedoch ihre Tage nicht mit Haß gegen ganze Völker oder Stämme, es sind vielmehr einzelne Menschen, die ihnen »anders« erscheinen. Das Toleranzniveau ist in verschiedenen Gesellschaften nicht gleich hoch. Romanische Länder scheinen toleranter zu sein als die andern. England, in mancher Beziehung ein sehr kleinbürgerliches Land, gestattet eine gewisse Form von behördlich zugelassener Exzentrizität, wie sie zum Beispiel in Amerika undenkbar wäre. Die deutschsprachigen Länder sind im allgemeinen engherzig; da sie aber wenig unternehmen, was nicht philosophisch fundiert ist, haben sie lange auf den passenden philosophischen Traktat warten müssen. Dann erst ging es los; und auch hier muß ein deutschsprachiges Land, die Schweiz, ehrenvoll ausgenommen werden. Die Vereinigten Staaten und die kommunistischen Länder sind jetzt wahrscheinlich die Hauptstätten des Konformismus.

X

Neben dem von außen gesehenen Anderssein gibt es aber auch ein von innen erkanntes. Häufig wird beides zusammenfallen, und was der plötzlich aus einem einzigen Riesenauge stierenden, mit einem einzigen Riesenmund verdammenden Masse als der komische Kauz erscheint, ist in Wirklichkeit ein tragischer Kauz. Seiner »Käuzlichkeit« ist er sich nämlich selbst bewußt. Wie kann er sie aber ändern? Und sollte man das von ihm erwarten? Wir sind, wie wir sind. Man kann seine Tischmanieren verfeinern, das häufige Disputieren unterlassen oder sich in seinen Arbeitsgewohnheiten der mehrheitlichen Tageseinteilung unterwerfen; aber daß der Charakter des Menschen sein Schicksal sei, hat schon Heraklit gewußt. Selbstvergewaltigung ist eine Form der Charakterlosigkeit.

Von außen mag es so erschienen sein wie dem verständnisvollen edlen Goethe in den »Maximen und Reflexionen« (Nr. 76):

> Es ist traurig zu sehen, wie ein außerordentlicher Mensch sich gar oft mit sich selbst, seinen Umständen, seiner Zeit herumwürgt, ohne auf einen grünen Zweig zu kommen. Trauriges Beispiel: Bürger.

Aber von innen, wie erschien es Bürger selbst? Sah er die Schlingen, in die er verwickelt war, konnte er sie auch nur greifen, nicht zu reden von sprengen? Ist einer einmal wirklich anders, so kommt die ganze dumme öffentliche Meinung der Welt und setzt sich auf ihn und erdrückt ihn. Das »Würgen« kommt öfter von außen als von innen. Schillers infame Rezension liefert ein Beispiel.

Im Falle Bürgers gab ihm ein Gott zu sagen, den meisten ist das versagt. Sie wissen, daß sie *misfits* sind, ihnen fehlt aber die nötige Geschmeidigkeit – oder sie wollen sie gar nicht haben –, sich in die geeignete Paßform zu bringen. Wieviel still ertragenes Leid da zu einem unhörbaren Stöhnen zusammengeschossen ist, läßt sich nicht ermessen.

Das Mißtrauen gegen den andern, das Mißbehagen, ja der Abscheu vor dem andern macht sich zuvörderst Luft in der Stellung des Künstlers, des Dichters, des Komponisten in jeder Gesellschaft. Der hervorragende Schweizer Literarhistoriker Walter Muschg konnte ein ganzes ausgezeichnetes Buch der Verlorenheit des Dichterlebens zu allen Zeiten widmen.[6] Jetzt ist allerdings sogar diese Verlorenheit verlorengegangen, denn wir leben, zumindest im Westen, in einer unglaublich verflachten Welt, erfüllt von Kleinbürgern und solchen, die es werden wollen. Trotzdem sind Dichter und Schriftsteller noch immer besonders gefährdet, denn sie arbeiten mit einer Materie, der Sprache, von der ihre Mitmenschen glauben, sie sei auch die ihre; sie ist es aber nicht. Aber auch Maler, Bildhauer, Komponisten, ja sogar Forscher sind einer öffentlichen Meinung ausgesetzt, die wenig mit ihnen anzufangen weiß. In totalitären Zeiten werden sie einer besondern Verfolgung für würdig gehalten. Was die Reichskulturkammer so wütend machte auf Barlach oder Nolde, war allerdings gerade der Umstand, daß man sie nicht umbringen durfte: sie waren nicht »artfremd«, hätten es aber sein sollen.

Die am Anfang des Aufsatzes angeführten Bezeichnungen des Andersseins, wie Eigenbrötler oder *misfit,* Kauz, Sonderling oder *eccentrique,* beziehen sich natürlich nicht nur auf die dem Bürger ohnedies verdächtigen Luftmenschen, sondern er wendet sie häufig auch auf seinesgleichen an. Bei näherer Betrachtung wird es sich nämlich zeigen, daß die folgende Aussage, trotz scheinbarer Paradoxie, zulässig ist: »Alle Menschen sind gleich und daher voneinander verschieden.« Wie weit diese Verschiedenheit des andern reichen darf, ehe sie den einen zu einer speziellen Kennzeichnung herausfordert, das wird von vielen Umständen abhängen, die ich hier nicht erörtern kann. Im Reiche der Kegler fällt der Nichtkegler als ungesellig auf, und was können gar »Alpenkönig und Menschenfeind« voneinander gehalten haben, bevor Raimund sie zusammenbrachte?

Daneben gibt es aber auch wahrhaft »andere«, und sie brauchen keine Künstler zu sein. Wenn man die gegenwärtigen Naturwissenschaften betrachtet, mit ihrer marktschreierischen Publizitätssucht, mit ihren schwindelhaften Zukunftsversprechungen, mit ihrer dick aufgetragenen Unvoreingenommenheit, würde man es nicht für möglich halten, daß so viele schüchterne und verschlossene Naturen darin Unterschlupf gefunden haben. Und doch ist es so. Viele Menschen ergreifen Berufe, gerade weil sie nicht zu ihnen berufen sind. Selbst unter den amerikanischen Reklameagenten wird es ein paar Sonderlinge geben. Diese sind aber dann im wahren Sinne *misfits* – Schlächter, die kein Blut sehen können.

Wir haben uns von den Wörterbüchern und ihren lexikalischen Launen weit umhertreiben lassen. Aus der dunkeln Tiefe der Wörter läßt sich Gold oder Schlacke heben. Die finstern Wörter reflektieren das Dunkel der menschlichen Seele. So möchte ich einmal die Etymologie benützen, um Licht und Hoffnung zu spenden. Es gibt eine Sprache, das Russische, in der das Wort für »ander« nicht den Fremden meint, sondern den Freund: *drugój*, der andere, kommt von *drug*, der Freund.

Anmerkungen

[1] John Carey, John Donne – Life, Mind and Art (Faber and Faber, London, Boston, 1981).

[2] Vgl. Anm. 1, S. 233.

[3] Das Zitat stammt aus Part I, Scene II des Werkes. Vgl. The Complete Poems and Plays of T. S. Eliot, S. 307 (Faber & Faber, London, 1969).

[4] R. Barthes, »Martiens«, in Mythologies, S. 44 (Seuil, Paris, 1970). – »Das ist nämlich eine der ständigen Eigenschaften jeder kleinbürgerlichen Mythologie, diese Unfähigkeit, sich den Andern vorzustellen. Die Anderheit ist die dem ›gesunden Menschenverstand‹ antipathischste Vorstellung.«

[5] E. Chargaff, Bemerkungen, S. 20 (Klett-Cotta, Stuttgart, 1981).

[6] Walter Muschg, Tragische Literaturgeschichte, 3. Auflage (Francke, Bern, 1957).

5. Über die Schwierigkeit, eine Satire zu schreiben – Die Sprache als Feind

I

Juvenal hat unrecht gehabt, als er in seiner Ersten Satire schrieb *difficile est saturam non scribere.* Viel schwerer als keine Satire zu schreiben ist es geworden, eine zu schreiben. Ein großer Satiriker war Juvenal gewesen, in einer Zeit, die das Pathos noch kannte und anerkannte. Mit Wut und Abscheu sind seine Verse getränkt; nichts ist geblieben von der milden lächelnden Gelassenheit eines Horaz. Er schrieb eines der wenigen Bücher, von denen ich einmal gesagt habe, daß sie in der Tasche brennen. Die Zeilen zittern. Wen gibt es noch, der sich mit ihm vergleichen läßt? Eigentlich nur Swift und Pope, obwohl dieser manche seiner wortgewaltigen Satiren als Nachahmungen des Horaz ausgab, und in unserer Zeit, weit und breit der einzige, Karl Kraus. Vielleicht hätte auch Brecht das Zeug dazu gehabt, er ließ sich aber in eine andere Richtung ablenken: er wollte die Gesellschaft politisch reformieren, nicht moralisch erschüttern. Auch Céline könnte dazu gerechnet werden, aber zuviel Schaum vor dem Mund verdirbt die beste Satire.

Was hat es unserer Zeit schwer gemacht, Satiren hervorzubringen? Es gibt viele Gründe, so zum Beispiel fehlt die Wut. In den wenigen, die angesichts unserer gräßlichen Zeit jene noch verspüren könnten, wurde sie durch den Haß ersetzt; die meisten aber sind stumpf geworden, Opfer einer sprachlichen Lobotomie. Außerdem ist unsere Welt für die Menschen viel zu undurchsichtig geworden, man sieht nur Leidtragende. Die Urheber sind zu einer Gesellschaft ganz ohne moralische Haftung zusammengeflossen und tragen keine menschlichen Gesichter mehr. Was der Geldkreislauf speist, ist kein menschliches Herz. Die Satire aber kann nur den einzelnen Menschen angreifen, der noch zusammenzucken, noch ergriffen werden kann; Korporationen wanken nur auf der Börse. Das gilt auch für Regierungen, Parteien usw.

So bleibt das nackte Zitat die einzig denkbare Satire unserer Zeit, und so hat selbst Karl Kraus es häufig angewendet; aber erst nachdem die *Fackel* nach jahrelanger Vorbereitung ihm das geeignete Forum bot. Viele seiner eindrucksvollsten »Glossen« bestehen aus keines Kommentars bedürfenden Zitaten aus der Tagespresse. Jetzt, da das gemeinste Geschwätz in andere Medien abgewandert ist, wäre auch das kaum denkbar: aus der Satire würde Getratsch, Hörensagen; wenig steht mehr schwarz auf weiß. Hierzulande erschöpft sich die satirische Kraft der meisten damit, daß sie »Reagan« sagen und dabei in der Traufe, in der sie sich ohnedies befinden, Schwimmversuche machen.

Nun gibt es, tangential zur so schwierig gewordenen Satire und zu manch anderen Literaturgattungen, etwas, was man Utopie nennt. Die meisten Utopien – altehrwürdige, bis zu Platons »Staat« zurückreichende Gebilde – waren gar nicht satirisch gemeint, aber manche schwächliche Satire maskierte sich gerne als Utopie. Ich muß gestehen, daß ich nicht weiß, inwiefern das Buch, das den kalendarischen Anlaß zu diesen Zeilen bietet – George Orwells *1984* –, zu dieser zweiten Klasse, den schwachen Satiren, gehört.

II

Utopisten sind gewöhnlich nicht mehr am Leben, wenn es so weit ist, daß ihre Voraussagen mit der Wirklichkeit konfrontiert werden können. Auch haben sie, wenn man genau zusieht, sich wenig um die Zukunft gekümmert, sondern es war die Gegenwart, an der sie – manche wütend, manche lächelnd – viel auszusetzen hatten. Hätte eine böse Fee sie in das von ihnen geschilderte Nirgendsland versetzt, so hätten sie zweifellos sofort beginnen müssen, eine zweite Utopie zu entwerfen, denn der Utopistengeist gleicht jenem furchterregenden Friseur, der immer noch etwas abzuschnippeln findet, bis keine Haare auf dem Kopfe stehen. Die Jagd nach der Glückseligkeit, von der amerikanischen Verfassung einem jeden Bürger zugestanden, endet meistens in einer Art von Wanzenvertilgung, wobei minder glückliche Rassen und Klassen die Rolle des Ungeziefers übernehmen müssen. Die Art des Menschen ist zugleich stumpf und rastlos, und es müßte eine seltsame Welt sein, mit der nicht sehr viele höchst unzufrieden wären. Ich glaube sogar, daß es so etwas gibt wie ein Gesetz von der Erhaltung des Elends auf der Welt. Je mehr Menschen, umso größer die Gesamtmisere, aber auf den einzelnen entfällt wahrscheinlich die gleiche Ration. Jedenfalls bin ich gewiß, daß, hätte man dem Thomas Morus, als sein Kopf in die Grube rollte, eine Anweisung auf unsere heutige Zeit überreicht, er nach kurzer Besichtigung um ein Retourbillett eingekommen wäre. Der Heinrich VIII. wäre ihm noch immer lieber gewesen als was er jetzt zu sehen bekäme.

Ich habe die richtigen und sozusagen behördlich anerkannten Utopien immer als eine langweilige Lektüre empfunden, denn sie sind mir als die unmittelbaren Vorläufer der jetzt grassierenden Science-fiction erschienen und haben wahrscheinlich ihre zeitweise große Popularität einem ähnlichen Leserkreis verdankt. Ganz anders steht es um eine andere Literaturgattung, die *contes philosophiques,* von denen einige zum Besten gehören, was ich kenne: Swifts *Gulliver's Travels,* Voltaires *Candide, Micromégas,* etc., Samuel Johnsons *Rasselas.* Alles Schöpfungen des 18. Jahrhunderts, des einzigen philosophischen Zeitalters, das die christliche Weltgeschichte gekannt hat. Mit einem Minimum von Staffage, aber einer großen Menge von Witz, Scharfsinn und Phantasie wird der Leser entrückt, nicht in eine groteske und unwünschenswerte Zukunft, sondern in eine Dimension außerhalb der Welt, wie er sie kennt. Unter den deutschen Schriftstellern hätte am ehesten Lichtenberg ein ebenbürtiges Werk schreiben können, er hat es aber leider nicht getan. So bleibt es bei Wieland, dessen Schriften jedoch kaum in die erlauchte Liste gehören.

Die Literaturgeschichte, die es schon seit langem schwer findet, aus dem vielfach zerriebenen Häcksel neue imposante Gedankengebäude zu errichten, behandelt die Utopie als eine Unterabteilung der Gattung »Staatsroman«. Es sind aber vielleicht nicht die lesbarsten Utopien, die da hineingehören, obwohl so große Namen wie Platon, Thomas Morus, Tommaso Campanella damit verbunden sind.

In einem Werk wie *Gulliver's Travels* kann man die Nahtlinien, die das Satirische und das Utopische zugleich trennen und verbinden, besonders gut bemerken. Das Pygmäenreich Lilliput, die fliegende Insel Laputa sind satirisch gemeint; am beißendsten jedoch wird die Satire, wenn die Menschen geschildert werden, die grauenerregenden Yahoos, eigentlich unsere Zeitgenossen, aber ohne Wasserspülung und Desodoranzien. Wo es jedoch um das Land der Riesen Brobdingnag geht und mehr noch um die herrlich weisen und wahrhaft humanen Pferde, die Houyhnhums, sind wir mitten in der Utopie; allerdings in einer, die selbst Literarhistoriker kaum als Staatsroman klassifizieren könnten. Wenn es sich bei dieser Seite Swifts um eine Utopie handelt, so ist es eine traumhaft hoffnungslose Utopie, denn ihm fehlte der emsige Fibelgeist, der den Staatsphantasten auszeichnet. Dafür besaß er den tiefen, skeptischen Pessimismus, der fast allen bedeutenden Zukunftsentwürfen eigen ist. Es ist jedoch nicht so, daß bittere Hoffnungslosigkeit eine genügende Garantie ist für das Gelingen einer utopischen Schöpfung. Man kann von Zorn geschüttelt sein und doch schlecht schreiben. Andererseits ist die posthume Wirkung einer Schrift nicht nur ihrer literarischen Qualität zuzuschreiben. *Die Protokolle der Weisen von Zion* sind vielleicht ein gutes Beispiel dafür.

III

George Orwells *Nineteen Eighty-four* ist 1949 erschienen. Ein schwerkranker Mann hatte es geschrieben, ein Jahr später war er tot. Das Buch wurde unverzüglich im sogenannten Freien Westen mit einem Riesengebrüll der Begeisterung begrüßt, deren automatischer, im vorhinein programmierter Charakter unverkennbar war. Als ich das Buch wenige Monate nach seinem Erscheinen las, war ich verblüfft. Denn erstens war es ein schlechtes Buch, in einem müden, schüttern Stil geschrieben*, voll von banalen Episoden, die an die unterste Trivialliteratur erinnerten. Und zweitens war es so offensichtlich ein Produkt des von den Vereinigten Staaten mit Beihilfe Englands entfachten Kalten Krieges, daß der Ursprung des allgemeinen Enthusiasmus über seine literarische Qualität nur einem Kinde hätte verborgen bleiben können. Ich war aber kein Kind mehr.

Man muß sich die damalige Lage zurückrufen. Zuerst die weitverbreitete, von unsaubersten Händen geschürte, jedoch berechtigte Empörung über den Stalinismus, mit seinen Schauprozessen, Hinrichtungen, Verschleppungen; dann der Hitlerstaat, über den ich hier nicht nachdenken will (leider hat es Orwell auch nicht getan, als er sein Buch schrieb); der ungeheure Weltkrieg – allein in Rußland, dem Alliierten der Weststaaten, 20 Millionen Tote (die Vereinigten Staaten beklagten eine halbe Million) –; dann die langsam durchsickernden Nachrichten über die Ausrottungsfabriken der Nazis; die Vernichtung von Hiroshima, Nagasaki, Dresden, Hamburg; und schließlich der Friede, der keiner war. Denn bald nachher griff Churchill das nationalsozialistische Schlagwort** vom »Eiser-

* Ich spreche von dem Stil des Originals. Es ist möglich, daß sich das Buch in der deutschen Übersetzung besser liest; eine bei Schriften dieser Art nicht selten gemachte Erfahrung.

** Das Schlagwort vom eisernen Vorhang scheint viel älter zu sein als der Dr. Goebbels. Schon H. G. Wells hat es anscheinend in den ersten Jahren unseres Jahrhunderts verwendet. Etwas Ähnliches soll sogar im Babylonischen Talmud vorkommen, obwohl kaum im Zusammenhang mit dem Schutzvorhang unser Theater.

nen Vorhang« wieder auf, und es entfaltete sich der Kalte Krieg, dessentwegen die ganze Welt seither nicht aufgehört hat, sich fortwährend zu schneuzen. Gerade jetzt ist die Temperatur der Gefrierkiste, in der zu leben wir verdammt sind, wieder um einige Grade erniedrigt worden – und so geht es weiter.

Das war also die Welt, in der Orwell, dem Temperament nach ein anarchoider Sozialist, wenn ich diese Bezeichnung gebrauchen darf, zum Manne reifte. Es war auch meine Welt, denn er war nur zwei Jahre älter als ich. Sein Haß gegen die Bolschewisten wurde noch verstärkt im spanischen Bürgerkrieg, dem er beiwohnte. Und so begann er mitten im Weltkrieg, etwa zur Zeit der Riesenschlachten um Stalingrad, seine so berühmt gewordene Tierfabel *Animal Farm* zu schreiben. *Bella gerant alii,* er verhöhnte den einzigen, lebenswichtigen Bundesgenossen der nicht gerade todesfreudigen Westmächte. Er konnte nicht anders, und so will ich ihn ehren; aber er geriet damit in die schmutzigsten Hände; er wurde zum Rädchen einer abscheulichen Maschinerie, die mit den großen, den herrlichen Worten des 18. Jahrhunderts Schindluder treibt. Der Krieg war noch nicht zu Ende, als *Animal Farm* abgeschlossen war; und so mußte das Buch auf die ersten Nordbrisen des Kalten Krieges warten, bevor es zwei Jahre später gedruckt werden konnte.

Ich kann mir nicht helfen, aber ich finde die Schweinefabel läppisch: Karl Marx als das große alte Schwein Major – er predigt die tierische Weltrevolution und stirbt gleich am Anfang der Geschichte –; das Schwein Snowball als Trotzki; das tiefgründig-schlaue Schwein Napoleon als Stalin. Oder soll das alte Schwein Major Lenin »verkörpern«? Nur die Pferde arbeiten schwer, die Schafe blöken Slogans, die nach Bedarf in das Gegenteil umgewandelt werden, die Legehennen sind Stachanowiten. Das einzige Ziel der Revolution ist das Wohlleben der Schweine. Man kann die Russische Revolution auch so ansehen, aber vielleicht soll man es nicht.

Ich bin wahrhaftig kein Verehrer der Ausgewogenheit, aber

wenn es eine Zeit gegeben hat, in der man das Wirken eines Gottes, aber zweier Teufel erkennen kann, so ist es unsere. Wer gegen den einen Teufel Partei nimmt – und das soll er –, muß es auch gegen den anderen tun. Denn sobald man bereit ist, das kleinere Übel zu wählen, wird es zum größeren. Es gibt in allen Sprachen Adjektive, die keiner Steigerung fähig sind, sonst verlieren sie ihren Sinn. So zum Beispiel die Wörter »wahr«, »frei«, »gleich«. Der *ad nauseam* zitierte Satz »All animals are equal, but some animals are more equal than others« ist, als Satire angesehen, nicht besser, als wenn ich, vielleicht mit größerer Berechtigung, sagte »Alle Amerikaner sind frei, aber manche (reiche, weiße) sind freier als andere«.* Die Widersprüchlichkeit unserer Welt wird nicht ausgelöscht, indem man sich auf das eine Horn eines Dilemmas setzt und auf das andere spuckt. Sicherlich bleibt die Warnung der Apokalypse (3, 16) vor der Lauheit aufrecht, aber bevor man sich übermäßig erhitzt, sollte man sehen, wofür. Blinde Intensität ist nicht besser als kühle Objektivität. So kam es, daß der unabhängige Sozialist Orwell zum Werkzeug, zum Aushängeschild derjenigen wurde, die ihren Besitz viel heißer lieben als die Gerechtigkeit. Faschismus, die Anwendung der Methoden der radikalsten Linken durch die radikalste Rechte, ist mit Mussolini und Hitler gewiß nicht begraben worden. Wenn er wieder auftaucht, wird er sich demokratisch nennen, und ich fürchte, einige von Orwells Büchern werden zu seinen Renommierstücken gehören.

IV

Jetzt sind also 35 Jahre seit Orwells *1984* vergangen: ein langer Zeitraum, keine *pax Americana,* sondern eher ein *bellum Americanum,* denn in diesen falsch geschminkten, durch das

* Ich habe übrigens das Gefühl, daß ich einem ähnlichen Satz schon viel früher begegnet bin, kann das aber jetzt nicht mehr dokumentieren.

Gleichgewicht des Schreckens beschirmten Friedensjahren sind viele Millionen in Kriegen, wie anders sie sich auch nennen mögen, gefallen. Meinem Exemplar dieses Buches sind diese langen, schlaffen Jahre nicht gut bekommen. Als ich es wegen des jetzigen Anlasses heraussuchte, zerfiel es vor meinen Augen zu Staub; das elende Taschenbuchpapier und die bekannt belebende New Yorker Luft hatten sich vereint, um mir die Eitelkeit aller Dinge vorzuführen. Ich kaufte es mir demnach nochmals zum 24fachen Preis, um es wieder zu lesen. Das Buch ist hier in den Buchhandlungen leicht zu haben, in mehreren Ausgaben, viel leichter als manches viel bessere Buch der Weltliteratur. Auf tausend Orwells kommt vielleicht ein Montaigne und nicht einmal ein Pascal.

Der Eindruck der Lektüre war nicht günstiger als das erste Mal – entgegen Heraklit steigt man zweimal in denselben Mist –, aber einige Albernheiten hatten eine ehrwürdige Patina angesetzt. Die Patina war jedoch zu meinem Erstaunen sterngestreift. Die von mir erwartete blutrote Farbe war abgeblaßt. Die Charaktere waren noch immer eindimensional, aus Pappendeckel, die Sprache blaß und journalistisch; die Schauerepisoden erinnerten an Hollywood, wenn es sparen will. Es war noch immer dasselbe alte Hahnebüchlein, wenn ich so sagen darf. Trotzdem war da etwas, was ich durchschimmern sah: ein dünnes, kleines, ätzendes Pamphlet, das aus einer dicken und grotesk bemalten Hülse hinausschlüpfen möchte und nicht kann. Wie von einer Grille, die in einer riesigen Vogelscheuche eingesperrt ist, zirpte es kläglich.

Bevor ich jedoch das Tierchen befreie, muß ich den gesamten Haufen etwas genauer ansehen. Die Handlung geht im Jahre 1984, also heute, vor sich. Nach einem großen Atomkrieg* und enormer Zerstörung ist die Welt in drei Riesen-

* Als Orwell sein Buch schrieb, war es, glaube ich, noch nicht bekannt, daß auch Rußland die Atombombe besaß. Die Periode des Senators McCarthy, die Jagd auf subversive Elemente, die Hinrichtung der Rosenbergs usw. lagen noch in der Zukunft. Ob das Buch selbst zu diesem Eingriff in die menschliche Freiheit beigetragen hat, weiß ich nicht. Der an die Wand ge-

reiche zusammengeflossen: Oceania, Eastasia und Eurasia, also sagen wir, England plus Nordamerika, China, Rußland, alle mit dazugehörigen Anhängseln. Nur die Sprache Ozeaniens wird spezifiziert, sie ist eine Art von Englisch. Allerdings ist die Sprache in einem Schrumpfungsprozeß begriffen, der sie allmählich zuerst in eine Stakkatoform von »Basic English« verwandelt und dann in eine neue Sprache, genannt »Newspeak«. Vorläufig bedient sich nur die bis zum Schluß in Dunkel gehüllte Führung des Landes dieser Sprache. Die Handlung geht in London vor sich. Es ist ein verkommenes, schäbiges, hauptsächlich nach Kohl riechendes London, wie es Orwell in den vierziger Jahren gekannt haben mag. Nur die schimmernden Wolkenkratzer der Regierung heben sich davon ab, besonders die vier Ministerien: Wahrheit (Geschichtsfälschung), Friede (Krieg), Liebe (Folterung, Hinrichtung, Geheimpolizei) und Überfluß (Rationierung). Auf »Newspeak« heißen diese Minitrue, Minipax, Miniluv und Miniplenty. Um auch Minderbemittelten die Widersprüchlichkeit dieser Bezeichnungen klarzumachen, werden die überall angebrachten drei Losungen der Partei häufig wiederholt: »Krieg ist Friede«, »Freiheit ist Sklaverei«, »Unwissenheit ist Kraft«. (Aus Gründen der Symmetrie hätte ich erwartet, daß der zweite Slogan umgekehrt lauten sollte: »Sklaverei ist Freiheit«.)

INGSOC heißt die herrschende Ideologie Ozeaniens, offensichtlich aus der Bezeichnung »Englischer Sozialismus« abgeleitet. Es herrscht »die Partei«, an deren Spitze BIG BROTHER steht; ob es ihn gibt, ist nicht klar. Jedenfalls ist sein über ein Meter breites Riesengesicht an allen Ecken plakatiert. »Big Brother Is Watching You«, sagt die Aufschrift, und es ist, so

---

malte Teufel mag manchen allzu verführerisch ausgesehen haben. Übrigens zeigt das von Orwell gewählte Datum – eben 1984, also etwa zwanzig Jahre nach dem von ihm vorgesehenen Nuklearkrieg –, wie naiv er sich einen solchen vorstellte. Seine Mikro-Utopie hatte keinen Raum für unsere ungezählten Megatonnen.

scheint es nach der Beschreibung, das Porträt eines jüngeren Stalin. Die Partei macht etwa 15 Prozent der Bevölkerung aus und besteht aus einer sehr kleinen inneren Gruppe und einer großen äußeren, die sich durch die Farben ihrer Overalls voneinander unterscheiden, und natürlich noch mehr durch den Luxus, in dem die innere Gruppe lebt.

Der hauptsächliche Teil der Bevölkerung, 85 Prozent, besteht aus »den Prolen«. Das ist eine Karikatur des englischen Proletariats, jedoch geistig und gefühlsmäßig kastriert, durch Haß- und Schreipropaganda brutalisiert, doch sonst von der Partei in Ruhe gelassen. Auflehnung war von ihnen nicht zu befürchten; streng überwacht, verlief ihr Leben verhältnismäßig heiter, wenngleich schäbig.

Die Maßnahmen, durch welche die Partei sich ewig an der Macht zu erhalten strebt, sind: 1) *Völlige Auslöschung der Vergangenheit* durch systematische Geschichtsfälschung, eine der Hauptaufgaben des Wahrheitsministeriums. – 2) *Ewiger Krieg*, der auch zur Steuerung der Überproduktion dient. Der Feind jedoch ist auswechselbar; manchmal ist es Eastasia, manchmal Eurasia. Im Laufe der Handlung wird der Feind einmal plötzlich, mitten in einer riesigen Haßversammlung, ausgetauscht. – 3) *Konzentration des Hasses* auf eine einzige, wahrscheinlich nicht existierende Person, Emmanuel Goldstein, »the Enemy of the People«, Gegenstand der täglich zelebrierten »Zwei Haßminuten«. Die Beschreibung Goldsteins paßt auf Trotzki. – 4) *Gehirnwäsche*, nicht nur durch Terror und endlose Propaganda, sondern auch mit Hilfe von nicht näher beschriebenen Injektionen und physikalischen Apparaten. Das Ziel aller Manipulationen, den Intelligenteren auch durch einen bewußten Lernprozeß erreichbar, ist es, den Mitgliedern der Partei das *doublethink* zu ermöglichen, den »Doppeldenk«. (Orwells Definition dieser Persiflage des dialektischen Denkens folgt im nächsten Abschnitt.) – 5) *Furcht*. Die Gedankenpolizei, *thinkpol* auf Newspeak, ist überall. An allen Wänden, aber auch an vielen Orten im Freien, ist der »Telescreen« angebracht, eine nicht abschaltbare Vorrichtung, die zugleich Lautsprecher, Fernsehschirm, Kamera und Abhörvorrichtung ist. Jedes Wort wird auf Tonband aufgenommen. Wer durch Abweichung von der Parteilinie oder durch Aufgewecktheit auffällt, verschwindet plötzlich aus dem Leben und aus der Geschichte, sogar sein Name wird liquidiert. Von manchen wird gesagt, daß sie »verdampft« wurden.

V

> *Doppeldenk* bedeutet die Fähigkeit, zwei einander widersprechende Überzeugungen gleichzeitig im Geist festzuhalten und beide gutzuheißen. Der Parteiintellektuelle kennt die Richtung, welche die Veränderung seiner Erinnerungen einzuschlagen hat; er weiß daher, daß er die Wirklichkeit beschwindelt. Aber durch die Anwendung von *Doppeldenk* kann er sich einreden, daß die Wirklichkeit unverletzt geblieben ist. Der Vorgang muß bewußt sein, da er sonst nicht mit hinreichender Genauigkeit erfolgen könnte; aber er muß auch unbewußt sein, da er sonst ein Gefühl von Falschheit, und also von Schuld, mit sich brächte. *Doppeldenk* ist der Kern von Ingsoc, denn es liegt im Wesen der Partei, bewußte Täuschung zu verbinden mit der Festigkeit des Zieles, welche völlige Ehrlichkeit erfordert.

Dieses lange Zitat (meine Übersetzung) aus Kapitel 9 des Zweiten Teiles klingt auch auf Englisch nicht viel besser. Ähnliche, in entgegengesetzten Richtungen gleich aufrichtige Doppelzüngigkeit hat man schon in alten Zeiten dem Jesuitenorden vorgeworfen; nicht zu sprechen von den alten Talmudisten, deren eher liebenswerte Wortspalterei ein linguistisches, logisches und theologisches Schachspiel war. Jedenfalls ist diese dialektische Gaunerei das Herzstück des kleinen Pamphlets, das sich unter der dicken Glasur einer unbeholfenen Fiktion verbirgt; und worauf das Ganze hinausläuft, ist eine Anklage gegen georgische Verschlagenheit. Asiatische Grausamkeit ist noch ärger, aber wir im Westen haben es auch ganz gut getroffen.

Wie ich schon angedeutet habe, verdient nach meiner Meinung der Roman *1984* kaum so viel Aufmerksamkeit, wie ihm geschenkt wird; die Handlung ist banal, weder Stil noch Charakterisierung gehen über das hinaus, was in einem gewöhnlichen Spionage-, Kriminal- oder Detektivroman angeboten wird. Wäre unsere Welt nicht so polarisiert, in zwei schwarze Hälften geteilt, die sich beide weiß nennen, um jede Handbreit gelungener Menschenfängerei miteinander ringend, so wäre das Buch längst vergessen. Da es sich jedoch als Waffe im Kalten Krieg bewährt hat, wird es gelesen, kommentiert, kommemoriert. Es würde mich nicht wundern, wenn es bereits eine *Orwell Society* und einen *Orwell Newsletter* gäbe, sowie zahlreiche Dissertationen, die den Meister interpretieren. Da selbst eine so kluge Frau wie die Madame de Sévigné irreging, als sie dem Kaffee als Getränk keine Zukunft voraussagte, kann es natürlich sein, daß ich mich irre und daß *1984* fortleben wird wie *Don Quichotte* oder *Robinson Crusoe*. Übrigens glaube ich, daß manche der Bücher, die Orwell in den und in seinen dreißiger Jahren schrieb, viel besser sind.

Der Hauptteil des Romans ist überhaupt nicht erdichtet, sondern er besteht aus Polemik und Satire. Diese ist gewiß in der Hauptsache gegen Stalins Rußland gerichtet und dessen Kommunistische Partei. *Thinkpol* mag die G. P. U. sein – von der Gestapo scheint Orwell wenig gehört zu haben –; die verhatschte Figur des Mr. O'Brien, des einzigen uns vorgeführten Vertreters der Inneren Partei, stellt vermutlich ein schlecht gezeichnetes Mitglied des Politbüros dar. Der Abscheu Orwells war ganz gegen Rußland gerichtet; Mussolini oder Hitler scheint es nicht gegeben zu haben. Wenn man sich einen Rivarol ohne Witz vorstellen kann oder einen Burke ohne Pathos, so war es Orwell mit Bezug auf die Russische Revolution.

VI

Daß das Leben der Menschen sich auf einem Proszenium abspielt, dessen einzige Dekoration aus Sprachkulissen besteht, zwischen denen und unter denen die Handlung vor sich geht, haben die großen Dichter begriffen, aber nicht viele Schriftsteller. Dabei ist für die meisten Menschen die Sprache die einzige Brücke zur Wirklichkeit; nur in wenigen ist es das Ohr oder das Auge. Es gibt Romane, nicht leicht lesbare, deren hauptsächliche Akteure Wörter sind, zum Beispiel bei Rabelais, Fischart, Joyce; in den meisten sind sie nur das Werkzeug, das leidige Mittel zum hohen Zweck. Dann gibt es Schriftsteller, z. B. Swift, Lichtenberg, Karl Kraus, deren Schriften durch die Sprache in anderer Weise gezeichnet sind: sie besitzen die dialektische Fähigkeit, die Wörter, die ihnen den Text diktieren, vielsinnig zu erfassen; wenn sie ein Klischee berühren, atmet und strampelt es. Auf diese Weise werden Wörter zum einzigen sichern Lügendetektor.*

Einer, der die Überführungskraft der Sprache besonders gut verstand, war Jonathan Swift. Von ihm ist bekannt, daß er zeit seines Lebens mit Wörtern zu spielen liebte: Anagramme, Wortspiele, makkaronische Satzmonstren, halb englisch, halb lateinisch. Er sammelte die Jargons verschiedener Gesellschaftsklassen. Unter seinen Schriften finden sich viele kleinere Werke, die sich mit Sprache befassen, so z. B. *A Proposal for Correcting the Englisch Tongue, A Model Defence of Punning,* und insbesondere die umfangreiche Schrift, deren umständlicher Titel gewöhnlich als *Polite Conversation* angeführt wird. Bevor das Spezialistenwesen mit seinem völlig untierischen Ernst die Sprache überrannte und überschwätzte, war diese vieler Menschen Glück und Trost gewesen. Einst saßen viele auf dem goldhaltigen Berg und erfreuten sich der

* Soeben lese ich, daß Präsident Reagan die Whiskyidee gehabt hat, alle höheren Staatsbeamten einem Test mit dieser Maschine, die sich gschamig als »Polygraph« verkleidet, zu unterwerfen. Und das in einer Gesellschaft, in der die Lüge das einzig Aufrichtige ist!

Aussicht; jetzt ist er von Schächten und Kanälen ausgehöhlt, aber Gold ist keines mehr darin.

Auch was ich Orwells kleines Pamphlet genannt habe, befaßt sich mit der Sprache oder, wenn man will, mit ihrer Pathologie. Es handelt sich aber eher um eine rituelle Kastration, um eine nach politischen Riten vollzogene Verschneidung der Sprache. Wer das leukotomische Messer hält, wird niemals klar gemacht; manchmal ist es »die Partei«, wie in Ozeanien, manchmal »die Gesellschaft«, wie im »Freien Westen«. Jedenfalls sind die Produkte von der Art, die man immer wieder zwischen Anführungszeichen setzen muß. Was da betrieben wird, ist eine sinnvernichtende Dampfwalze; die sie betreiben, möchte ich Logophagen nennen, Wortfresser. In Orwells Ozeanien sitzen sie im Wahrheitsministerium, in den Vereinigten Staaten in den Pressestellen der Regierung, der Industrie, der Finanz, aber hauptsächlich in den Reklameagenturen. Alle Schandtaten werden von Menschenhand ausgeführt; ich muß aber betonen, daß, genauso wie wir in einer Zeit leben, in der es nur Symptome gibt, keine Ursachen, auch die Ausführenden nur Opfer sind, Blätter in einem rätselhaften Wind.

Wer den Menschen die Rede nimmt, nimmt ihnen das Denken. Jeder Gedanke ist ein Selbstgespräch. Manchmal ist er ein Gespräch mit dem andern Selbst: der Funke springt von einem Pol zum andern; manchmal, seltener, liefert ein Gesprächspartner den zweiten Pol.* Alles was die Worte entschärft, vernebelt die Begriffe. Ich würde sagen, daß wenig die Menschen so unglücklich gemacht hat, so entmenscht, so entwürdigt, wie die Sprachzersetzung, die in den letzten hundert Jahren um sich gegriffen hat und jetzt ärger geworden ist als je zuvor.

---

* Als Kleist den bemerkenswerten Aufsatz schrieb mit dem Titel *Über die allmähliche Verfertigung der Gedanken beim Reden,* mag er Ähnliches im Sinn gehabt haben. Leider blieb der Aufsatz unvollendet; »Fortsetzung folgt« stand unter dem verlorengegangenen Manuskript.

VII

Der einzige Teil von Orwells Buch, den ich völlig gelten lasse, ist der bemerkenswerte Anhang, den er dem Roman beigefügt hat. Dieser heißt *The Principles of Newspeak* und beschreibt die Anatomie des fürchterlichen Wechselbalgs. Ich übersetze einige Worte der Einleitung.

> Newspeak war die offizielle Sprache von Ozeanien. Es wurde erfunden, um die ideologischen Bedürfnisse von Ingsoc, dem Englischen Sozialismus, zu erfüllen. ...
> Der Zweck von Newspeak bestand nicht nur darin, ein Ausdrucksmittel für die Weltanschauung und die geistige Haltung, die sich für Anhänger von Ingsoc ziemen, zu bieten, sondern auch darin, andere Arten von Denken unmöglich zu machen. ... Ein häretischer Gedanke sollte buchstäblich undenkbar sein.

Für die diabolisch ausgedachten Einzelheiten der Sprachmetzgerei habe ich keinen Platz, möchte aber einen Satz im Originalwortlaut anführen. Ein hohes Parteitier spricht ihn in das »Speakwrite«, ein Telephon, das die Botschaft automatisch nachdruckt.

> Items one comma five comma seven approved fullwise stop suggestion contained item six doubleplus ridiculous verging crimethink cancel stop unproceed constructionwise antegetting plusful estimates machinery overheads stop end message

Als ich diese Sätze las, verspürte ich ein warmes Heimatgefühl: es klang fast wie zu Haus.

Orwells Gedanken über Sprache sind nicht nur in dem erwähnten Anhang enthalten, sie finden sich an vielen Stellen des Romans. So trifft zum Beispiel Winston Smith, die blasse Hauptfigur des Buches, in der Kantine des Wahrheitsministeriums seinen Freund Syme. Dieser »war ein Philologe, ein Spezialist in Newspeak. Tatsächlich gehörte er dem enormen Team von Experten an, das mit der Aufstellung der elften Auflage des Newspeak-Wörterbuchs beschäftigt war.« »Ich bin jetzt bei den Adjektiven,« sagt Syme, »es ist hinreißend«, und er fährt fort:

> Die elfte Auflage ist definitiv. Wir bringen die Sprache in ihre endgültige Form – die Form, die sie haben wird, wenn niemand anders spricht. ... Wir zerstören Wörter, zwanzig, hundert, jeden Tag. ... Es ist eine schöne Sache, die Zerstörung von Wörtern. Am größten ist der Verschleiß natürlich bei den Zeit- und Eigenschaftswörtern, aber es gibt auch Hunderte von Hauptwörtern, die man ebensogut loswerden kann. Und nicht nur die Synonyme, auch die Antonyme. Was ist schließlich die Berechtigung eines Wortes, das nur der Gegensatz eines andern ist? Ein Wort enthält seinen Gegensatz in sich selbst. Zum Beispiel, »gut«. Wenn du ein Wort wie »gut« hast, wozu brauchst du ein Wort wie »schlecht«? »Ungut« ist ebenso tauglich – sogar besser, denn es ist der genaue Gegensatz. Und weiter, wenn du etwas Kräftigeres benötigst als »gut«, was hat es für einen Sinn eine ganze Reihe unklarer, nutzloser Wörter zu verwenden wie »ausgezeichnet« und »prächtig« und alle übrigen? »Plusgut« drückt das aus oder »doppelplusgut«, wenn du etwas noch Stärkeres willst.

Bald nach diesem Gespräch verschwindet der Wörterbuchredakteur; er ist »verdampft«. Sein Name wird aus den Listen gelöscht, es hat ihn nie gegeben. Smith kommt zu dem Schluß, daß Syme zu intelligent gewesen ist.

Den Prozeß der Entmenschung, der durch Geschichtsschwund und Sprachzersetzung vorangetrieben wird, hat Orwell treffend geschildert. Die gelungensten Teile seiner Satire beziehen sich, wie Satiren es immer tun müssen, auf die Gegenwart, nicht auf die Vergangenheit oder die Zukunft. Dadurch, daß er als den Zeitpunkt der Handlung ein Datum wählte, das nur um 35 Jahre in der Zukunft lag, konnte er diese jedoch einbeziehen, ohne sich so lächerlich zu machen, wie es oft das Schicksal von Utopisten ist.

In den verschiedenen, anläßlich des seltsamen Jubiläums erscheinenden Würdigungen wird der frühe und präzise Zeitpunkt, den Orwell setzte, besonders hervorgehoben. Was diesen betrifft, war er keineswegs der erste. So veröffentlichte im Jahre 1770 der Vielschreiber Louis-Sébastien Mercier einen Zukunftsroman mit dem Titel *L'An 2440. Rêve s'il en fut jamais* (Das Jahr 2440, der kühnste aller Träume). Ich konnte mir dieses Buch, das nach den Inhaltsangaben recht dumm klingt, nicht verschaffen, weiß aber, daß der große radikalkonservative Joseph de Maistre in seinem seltsamen Buch *Du Pape* folgendermaßen über Autor und Buch urteilt: »un fou du dernier siècle, dans un livre tout à fait digne de lui«. Ob auch dieser »Narr des 18. Jahrhunderts und das seiner ganz und gar würdige Buch« in seinem so viel weiter entfernten Stichjahr gefeiert werden wird? Wird es das Jahr 2440 überhaupt geben, oder werden noch einige Jahrhunderte mehr bis zum Beginn des neuen Kalenders vergehen müssen? Dabei hat Mercier noch etwas gemeinsam mit Orwell: auch er verlegte die Handlung seines Romans in die Stadt, mit der er am meisten vertraut war; in seinem Falle war es Paris.

VIII

Als ich vor kurzem Orwells Buch, nicht ohne Widerstreben, wieder durchlas, fiel mein Auge auf die folgende Stelle:

> Oceania was at war with Eurasia: therefore Oceania had always been at war with Eurasia. The enemy of the moment always represented absolute evil, and it followed

that any past or future agreement with him was impossible.*

Mich durchfuhr ein Blitz des Wiedererkennens. Vor ein paar Monaten hielt Präsident Reagan eine Ansprache in Orlando, Florida, in der er die Sowjetunion als »the focus of evil in the modern world« beschrieb. »Der Herd des Bösen in unserer Welt«, so tönte die Trompete der Endlösung. Dann fuhr der Präsident fort: »We Americans are enjoined by Scripture and the Lord Jesus to oppose the sin and evil in the world.«** Zeitungsleser werden wissen, daß Amerika ein »spezielles Verhältnis« zu England und Israel hat. Daß aber auch Jesus der Dreierallianz beigetreten ist, mag ihnen neu erscheinen, sollte es aber nicht, denn wenn sie Leser amerikanischer Zeitungen sind, werden sie wissen, wie sorgfältig das Land bei sich zu Hause diesen Auftrag erfüllt.

Ich habe immer Furcht gehabt vor Völkern mit messianischen Aufträgen, gleichgültig ob das eine dem andern sein Geld oder seine Unfreiheit abnehmen will. In Wirklichkeit meinen beide das gleiche. In dieser Beziehung unterscheidet sich Orwells Schreckenphantasie vorteilhaft von der Wirklichkeit. Es gibt also selbst in einer »negativen Utopie« manch Positives. Den Prolen, 85 % der Bevölkerung, geht es wahrscheinlich besser als, sagen wir, den Bewohnern von Harlem. Aus der Beschreibung des ozeanischen London geht hervor, daß Orwells Phantasie keineswegs dazu hinreichte, um sich den gegenwärtigen – 1984 – Zustand der amerikanischen Großstädte vorzustellen. Und die »Partei«, sie ist frei von allen Erlösungstendenzen; das einzige, woran ihr liegt, ist Macht, was immer das heißen mag, und Permanenz. Inwieweit das

---

* »Ozeanien führte Krieg mit Eurasien: demnach hatte Ozeanien mit Eurasien immer Krieg geführt. Der Feind des Augenblicks stellte immer das absolut Böse dar, und daraus folgte, daß irgendein Abkommen mit ihm, in der Vergangenheit oder in der Zukunft, unmöglich war.«

** »Wir Amerikaner sind von der Heiligen Schrift und dem Herrn Jesus beauftragt, die Sünde und das Böse in der Welt zu bekämpfen.«

eine noch gültige Satire auf den sowjetischen Regierungsapparat ist, kann ich nicht sagen.

Überhaupt habe ich den Eindruck, daß dieser Teil des Buches sehr naiv ist. Orwell hat nicht erkannt, daß ein Netz stärker sein kann als ein Monolith; etwas, was mir, nach jahrzehntelanger Betrachtung der herrschenden Klasse der Vereinigten Staaten – dieses rätselhaften, zugleich permanenten und sich dauernd erneuernden Knäuels –, klar geworden ist. Der von Orwell ersonnenen »Partei« sage ich keine lange und glückliche Zukunft voraus.

IX

Wie ich schon früher gesagt habe: ich halte *Nineteen Eighty-four* für ein schwaches Buch mit einigen guten Stellen. Am höchsten schätze ich Orwells Einsichten in die Rolle der Sprache, und nicht nur als Ausdrucksmittel menschlicher Erinnerungen und Triebe. Den Zusammenhang von Vokabular und Gefühl hat er treffend beschrieben; und wer die täglich zunehmende Verarmung der Gedanken durch die Regierungs-, Fernseh-, Zeitungs- und Reklamesprache in Amerika mitgemacht hat, wird ihm recht geben. Nur übertreibt er die Absichtlichkeit, mit der das geschieht. Ich habe dem Vorgang durch viele Jahrzehnte zugesehen, kann mir aber noch immer nicht erklären, wie er zustandekommt. Es ist, als wenn man dem Entwerden einer Sprache – ganz ohne den Beistand einer Wörterbuchsredaktion – beiwohnte; als wenn man selbst zusähe, wie der Weltgeist sich verdünnt. Es herrscht eine providentielle Automatik.

Auch in manch anderer Hinsicht wird Amerika – oder, besser, der ganze »Freie Westen« – dem ozeanischen London immer ähnlicher. Zum Beispiel: die Freiheit bildet das Mittelstück demokratischer Auslagendekoration. Mal heißt sie *freedom*, mal heißt sie *liberty*, denn sie schillert aufs gefälligste. Zu ihrem Schutze, und damit sie nicht von »Terroristen« entführt werde, wird sie jedoch immer mehr eingeschränkt. Einmal ist es der Lügendetektor, dem alle Staatsbeamten die Wahrheit sagen müssen; ein anderes Mal wird den Beamten die Verpflichtung auferlegt, alles was sie in ihrem künftigen Leben schreiben oder öffentlich sagen wollen, zur vorherigen Genehmigung einzureichen. Doch gibt es einen Trost: die Aktenschränke haben nicht genug Platz für alle diese neuen Gesetze und Verordnungen; und so werden sie bald gebrochen und vergessen. Die einzig wirksame Korrektur der Tyrannei ist nämlich die Schlamperei.

Die Freiheit ist ein großer Schatz der Menschheit. Sie ist aber vorwitzig und steckt immer wieder ihre Nase in Blaubarts verbotene Kämmerchen. So muß sie zu ihrem eigenen Guten beseitigt werden. Das tut den Herrschenden weh, aber es muß geschehn. Und es geschieht überall, und nicht nur in Orwells erfundenen Reichen.

Wer unsere Gegenwart betrachtet – so furchterregend durchsetzt mit Kernenergie, Computerchips, Laser-Strahlen, genetischen Manipulationen, Weltverpestung und so vielen anderen Folgen des Mißbrauchs der Naturwissenschaften – mag finden, daß Orwell den Wissenschaften nicht den Rang zuerkennt, den sie jetzt bei uns einnehmen. Sie spielen in seinem Buch eine nebensächliche Rolle; ebenso wie die Straflager nur im Vorbeigehn erwähnt werden, diese gräßlichen Torturfabriken, die das Gesicht unseres Jahrhunderts geprägt haben wie wenig anderes; eine Branche, in der Deutschland und die U.d.S.S.R. die Führung beanspruchen können. Wenn man hingegen in Amerika lebt, wird einem klar, daß zur Freiheit auch Geld gehört. Die anscheinend permanent gewordene Massenarbeitslosigkeit erzeugt Sklaven des Geldsackes; und die Armen, die ich im Winter auf den Straßen liegen sehe, sich wärmend an dem Dampf eines Heizungsventils, mögen finden, daß es in New York so kalt sein kann wie in Sibirien.

In einem viel liebenswürdigeren, im Jahre 2008 spielenden Zukunftsroman, acht Jahre nach Orwells Buch erschienen, in Arno Schmidts *Die Gelehrtenrepublik*, nehmen die Naturwissenschaften eine viel wichtigere Stelle ein. Dieses exzentrische, verspielte Buch, als Gegengift gegen *1984* durchaus zu empfehlen, steht ganz unter Swifts wohltätigem Einfluß. Die weisen Pferde leben wieder auf in Schmidts sympathischen Zentauren, die fliegende Insel Laputa in der komischen, die Meere durchfahrenden Stadt IRAS, der »International Republic of Artists and Scientists«, wo alle Genies der Welt mit wenig Nutzen versammelt sind.

Unsrer Zeit ist jedoch durch Satire, sei sie keifend, sei sie grotesk, nicht mehr zu helfen. Die Rezeptoren sind uns verloren gegangen. Einst konnte der Prophet noch sein Gewand zerreißen und Asche auf das Haupt streuen; diese wäre aber jetzt radioaktiv und das Licht in der Ferne kein Hoffnungsstrahl, sondern die Spiegelung des Weltbrandes. Wenn Karl Kraus selbst zu Hitler »nichts eingefallen ist«, was würde ihm angesichts der wilden Gegenwart nicht alles nicht einfallen! Der große Satiriker muß immer vor seiner eigenen Tür kehren; übermannt ihn, was er dort findet, so verstummt er, weicht aber nicht in ersonnene Fernen aus. Behemoth haust ganz nahe, schräg gegenüber.

6. Notizen zur aufgegebenen Schöpfung

Das Guckloch

Wenn man Dostojewski heißt, und man schaut aus einem Kellerloch auf die Straße hinaus, kann man, wie wir alle wissen, viel mehr sehen als der Bewohner des *piano nobile,* sei er noch so feinsinnig und schöngeistig. Anders wieder erschien die Welt dem emsigen Besucher der Bibliothek des Britischen Museums, wenn er sie von seinem Lesetisch betrachtete, und doch war es die gleiche Zeit und die gleiche Welt. Zu jener Zeit, also in der zweiten Hälfte des vorigen Jahrhunderts, hatte der Boden, auf dem die weißhäutigen Reiche standen, längst zu wackeln angefangen, auch zeigten sich schon Risse. Niemand aber blickte auf die vorhandenen Seismographen, die Dichter, Schriftsteller, bildenden Künstler, Komponisten. An ihnen hätte man viel ablesen können, wenn sie selbst auch nicht ahnten, daß sie Zeichen trugen. Die späteren wußten es jedoch. Das erste Zeichen, die Heimatlosigkeit, zeigte sich schon sehr früh, und sie erschien in der Ausweitung, der Verbeulung überkommener Formen, in der Verlegung des Sprachmittelpunktes, aber auch im Mangel jeglichen Widerhalls, in der von den einzelnen sehr unterschiedlich ertragenen Vereinsamung, im Gefühl des Nichtgebrauchtseins. »Dichter in dürftiger Zeit«: Hölderlin, aber auch William Blake. Dann häufen sich die Ausnahmen von einer Regel, die es eigentlich nicht mehr gab. Baudelaire, Rimbaud, Amiel, Nietzsche, Mallarmé, van Gogh, Strindberg, vielleicht auch Hugo Wolf. Zuerst kam die Dichtung an die Reihe, dann die Malerei und erst später die Musik. Manche Landesverwiesene nahmen die Ausweisung nicht zur Kenntnis und erbauten sich, in zitternder Ruhe, eine künstliche Heimat, z. B. Adalbert Stifter. Aber schon vorher hatte der Umtausch des Traumlandes Orplid gegen eine schwäbische Pfarre einem großen Dichter die Worte weggenommen.

Es begann eine Sprachzersetzung, unerhört seit den Zeiten der Völkerwanderung, aber ganz anders als diese: eine Art von Sprachkrebs, der die Wörter enorm vermehrte, sie aber gleichzeitig ihres eigentümlichen Sinnes beraubte. Die Brennpunkte wurden trübe, wuchernder Sinn wurde Unsinn. In dem Maße, wie die Menschen die Namen der Dinge vergaßen, verloren sie die Dinge. Ihr ganzes Leben war elliptisch geworden. Die Kluft zwischen dem, was die Worte ausdrücken konnten, und dem, was sie ausdrücken mußten, wurde immer größer. Es war, als wäre ihnen die Sprache davongelaufen, oder sie begannen, an der Sprache vorbeizulaufen. So flüchtete man sich in die Hermetik, obwohl die Entwicklung nicht die gleiche war in allen Ländern und allen Sprachen.

Wie die Wörter, so wucherten auch die Formen, die Farben, die Rhythmen, die Klänge. Plötzlich konnte alles alles bedeuten. Zuerst konnte, in Dichtung wie in Malerei, ein Strich oder ein Kreis einen Krug darstellen, einen Menschen oder eine Kugel; dann aber wurde er zum Strich aller Striche und stand für alles. Der Dichter, der Künstler, oder was man früher so nannte, wurde ein Jongleur der Aleatorik. Was er in der Luft schweben zu machen schien, war anfangs etwas, bald aber nichts. Nach einiger Zeit wurden nicht nur Literatur und Kunst, sondern das ganze Leben der Menschen, öffentlich wie privat, minimalistisch. Womit man jetzt im öffentlichen Leben Erfolg haben kann, hätte einen früher kaum zur Aufnahme in eine Schule für Zurückgebliebene befähigt. Man schätzt an Präsidenten, was man früher nur an Neugeborenen pries. Die Leute sind schon dankbar für ein verlogenes Lächeln in Technicolor.

Man wird mir vorwerfen, daß ich aus winzigen Prämissen riesenhafte Schlüsse ziehe. Schon wahr; aber wenn man wartet, bis die Prämissen genügend groß sind, kommt man nicht mehr zu dem Schluß, denn dann ist der andere Schluß eingetreten und das Tor endgültig zugefallen.

Warum ich vor einem kleinen Guckloch kauere, anstatt in das verhältnismäßig bequeme Kellerloch zu übersiedeln, bedarf kaum einer Erklärung. Erstens fehlt mir das manische Genie, die hysterische Religionsentzündung eines Dostojewski; und zweitens ist Mütterchen USA nicht Rußland. Mehr als eine winzige Ritze war mir nicht gewährt, und diese erlaubt, wie manche Sitze in der Metropolitan Opera, nur »beschränkte Sehmöglichkeit«. Wenn die Musik laut ist, hört man sie dennoch; allerdings bleiben die dicken Divas unsichtbar.

Bei mir ist es still und dunkel, um so lärmender und blendender ist es draußen. Während ich also schon seit Jahrzehnten durch den Spalt spähe, ist mir einiges aufgefallen. Das meiste davon habe ich schon früher aufgeschrieben, besonders in dem kleinen Buch *Kritik der Zukunft;* aber vor kurzem habe ich meine Lage verändert, indem ich mir, des ewigen Hockens müde, ein Taburett angeschafft habe; und da sieht manches anders aus.

Der erste Blick: Der Prinz der Welt

Man hat mir oft Undankbarkeit vorgeworfen, weil ich mich manchmal kritisch über das Land geäußert habe, dessen Paß ich besitze und dessen Freiheiten ich genieße.* Es ist wahr, von einem Vogel, der etwas auf sich hält, erwartet die Welt, daß er, wenn ihn die geistige oder körperliche Notdurft ankommt, sein eigenes Nest verläßt, um seine leiblichen oder seelischen Ausscheidungen im Nest eines andern Vogels abzulegen. Nur nicht sein eigenes Nest beschmutzen! Die Wahrheit ist nicht nur, laut Nietzsche, häßlich**, sie riecht auch übel.

* Seltsamerweise vermindert der Plural solcher erhabenen Abstrakta wie Wahrheit oder Freiheit deren Reichweite und Bedeutung. »Freiheiten« sind weit entfernt von Freiheit, »Wahrheiten« viel weniger als Wahrheit.

** »An einem Philosophen ist es eine Nichtswürdigkeit zu sagen: das Gute und das Schöne sind Eins: fügt er gar noch hinzu ›auch das Wahre‹, so soll man ihn prügeln. Die Wahrheit ist häßlich: *wir haben die Kunst,* damit wir nicht an der Wahrheit zu Grunde gehn.« [1]

Dabei hat der Vogel schon in der Schule gelernt, daß ein jeder *vor* seinem Nest kehren müsse, über das Innere wurde nichts gesagt. Und übrigens, was soll der arme Vogel tun, wenn, wie im Falle Homers, mehrere Nester um die Ehre streiten, von ihm beschmutzt zu werden?

Jedenfalls lebe ich bereits seit Jahrzehnten in New York, einer Stadt, in der es im letzten Jahr 1500 Morde gegeben hat. Das heißt also ein Mord pro Jahr pro rund 5000 Einwohner. Da ich in einem Jahr sicherlich mehr als 5000 Menschen zu Gesicht bekommen habe – zu widerstrebendem Gesicht –, muß mein Auge, naiv-statistisch gesprochen, so manchen Mordkandidaten gestreift haben. Nicht mehr als gestreift, denn in New York wird man gelehrt, niemandem ins Gesicht zu blicken: um die schlafenden Mordgelüste des Nächsten nicht zu erwecken, muß »Augenkontakt« unter allen Umständen vermieden werden. Die Augen züchtig zum Boden gesenkt, eile ich durch die völlig verdreckten Straßen von Gefahr zu Gefahr. Diese wird in meinem Fall aufs unmittelbarste durch die Untergrundbahn repräsentiert, über deren infernalischen und pestilenzialischen Zustand bereits so viel berichtet worden ist, daß ich mich dessen enthalten will. Jedenfalls weiß ich von vielen, die, besonders am Abend und in der Nacht, die Straßen nicht anders betreten als schwerbewaffnet: Schußwaffen und ein ganzes Arsenal chemischer und elektrischer Abschreckungsmittel. Dies trifft auf das ganze große Land zu, und auf manche Städte noch mehr als auf New York.

Wäre ich ein Philosoph, so müßte ich daraus schließen, daß die Vereinigten Staaten ein höchst zivilisiertes Land sind, denn, wie Nietzsche behauptet, steigt mit der Zivilisation die Kriminalität. Vieles andere ist auch gestiegen, z. B. die Verpestung und Vergiftung der Umwelt; die Belastung der Menschen durch Strahlung und durch Ausdünstungen der Industrie; die korybantischen Affentänze der sogenannten Massenmedien; die Lügenpropaganda der Meinungsindustrie, teils unerträglich lärmend, teils hinterhältig flüsternd. Es zupft an den Nerven des einzelnen, es greift in sein Bewußtsein und sein Gewissen ein, es läßt ihm nichts als die Flucht in die Stumpfheit. Dieses ES, dieses geheimnisvolle ES, ist zum Vormund der Menschheit geworden; als sie zu Zeiten der Aufklärung die schützende Zwangsjacke traditioneller Religiosität abwarf, stand ES bereit, die gegen ihren Willen befreiten Ratlosen in eine strahlende Zukunft zu leiten. Man kann es auch anders sehen und sagen, wenn es eine riesige Menge plötzlich befreiter Sklaven gebe, so müssen sich diese aus der Mitte ihres Elends einen Meister erschaffen, und dieser sei ES. Als Gott die Schöpfung aufgab, blieb sie nicht lange herrenlos.

In Nietzsches Aufzeichnungen aus den letzten Jahren seines wachen Lebens brennt die Hellsichtigkeit des Fiebers. Alles und sein Gegenteil kann man finden in diesen Notizen, die später von nicht sehr geschickter Hand zu der aus vielfarbigen Flicken bestehenden Steppdecke des »Willens zur Macht« zusammengenäht worden sind. In diesen späten Notizen finde ich die vorher erwähnte Stelle:

> Endlich: die zunehmende Civilisation, die zugleich nothwendig auch die Zunahme der morbiden Elemente, des *Neurotisch-Psychiatrischen* und des *Criminalistischen* mit sich bringt ...[2]

Der Zusammenhang besteht, aber ich verstehe ihn nicht. Jedenfalls kann niemand, der lange in Amerika gelebt hat, den ungeheuren Anstieg von Verbrechen leugnen. Durch die Straßen aller Städte geht die Angst, und nur das Automobil, in dem sich jeder, der es kann, bei zugesperrten Türen und Fenstern verschanzt, bietet etwas Schutz. Oft vermag ich mich des Eindrucks nicht zu erwehren, daß, so wie der Terrorismus ein mit andern Mitteln fortgesetzter Krieg ist, auch das Verbrechen eine Art von Bürgerkrieg ist, sozusagen der Sezessionskrieg mit umgekehrtem Vorzeichen. Es wäre aber, denke ich, falsch, diesen Bürgerkrieg als einen zwischen Armen – von denen es etwa 35 Millionen offiziell anerkannte gibt – und Reichen zu betrachten oder zwischen Schwarzen und Weißen.

Wie so oft, spottet das Symptom seiner scheinbaren Ursache; es meint immer mehr, als wir ermessen können. Nichts auf der Welt ist nämlich so einfach, wie es den »terribles complicateurs« vorkommt. Daß jedoch Amerika dereinst an den importierten Sklaven zugrundegehen werde, hätte einem klugen Mann selbst im 18. Jahrhundert klar sein müssen. Ob das der Fall war, entzieht sich meiner Kenntnis.

Dem Europäer, wenn er vor dem Zweiten Weltkrieg nach USA kam, mußten drei sehr gute Eigenschaften auffallen. Großzügigkeit, Gastfreundschaft, Hilfsbereitschaft. Dafür gibt es sicherlich auch jetzt noch Beispiele, aber sie haben sich weit von den großen Städten zurückgezogen. Daß diese Eigenschaften mit einer von wenig historischem oder sonstigem Wissen gezügelten Primitivität einhergingen, mußte in Kauf genommen werden. Leider ist es aber diese eher schamlose Naivität, die in der Form der Amerikanisierung einen großen Teil der Welt überzogen hat.

Der Haß, den man im Volke gegen die Sowjetunion schürt, diesen angeblichen Konkurrenten im Wettlauf um das Jüngste Gericht, ist ein Ausfluß dieser Primitivität. »Wie der kleine Moritz sich die Weltgeschichte vorstellt, so ist sie«, hat Anton Kuh verkündet. Daß aber der kleine Moritz dereinst den höchsten Platz im Riesenland, wo Blut und Honig fließt, einnehmen könnte, das hat auch jener apokalyptische Schnorrer nicht vorausgesehen.

Das eine – vielleicht ist es das einzige –, was die Russen den Amerikanern voraushaben, ist die russische Sprache. Aus dem slawischen Muttergrund ist sie in Jahrtausenden herausgewachsen, in all ihrer Tiefe und Innigkeit; im vergangenen Jahrhundert durch große Dichter veredelt und geläutert – wie kann sich das sogenannte Amerikanisch damit vergleichen? Vielleicht wird es in einigen Jahrhunderten so weit sein, aber vorläufig ist das Amerikanische keine Sprache, sondern nur ein nicht regulierter Seitenstrom des Englischen, in den sich zahlreiche, einander oft bekämpfende Einflüsse der Einwanderersprachen gemischt haben: Englisch, Schottisch, Irisch,

Italienisch, Deutsch, Skandinavisch, Jiddisch, Spanisch. Die Leute, die herkamen, liefen meistens Hals über Kopf, um diesen nicht von jenem getrennt zu bekommen; sie kamen nicht her, um ein der Betrachtung des Schönen und Edlen gewidmetes Leben zu führen, sondern um möglichst schnell möglichst viel Geld zu verdienen.*

Die Legende vom Schmelztiegel, *melting pot,* ist gewiß längst abgetan; ich denke nicht, daß Amerika das jemals war. Es war ein leerer Raum – wer zählte schon die Indianer? –, in dem man sich benehmen konnte, wie man wollte. Und was man meistens wollte, war *to make money*. So ist neben vielen guten Eigenschaften, die leider im Begriff sind, völlig zu verschwinden, eine schlechte Eigenschaft hervorstechend: die Geldgier. Die Inbrunst, mit der man von Geld sprach, die totemistische Verehrung, die man der Währungseinheit, dem Dollar, zollte, waren die Eigenschaften, die mir zuerst auffielen, als ich vor 56 Jahren das Land zum ersten Mal besuchte. Wenn man Geld hat, läßt es sich dort noch immer gut leben. (Wenn man nicht an der Ecke erschlagen wird.) Fast seit seiner Erfindung – die Entdeckung kam früher – machte das die ungeheure Anziehungskraft des Landes aus. Es war als Maschine des guten Lebens erfunden worden, von wem weiß ich nicht. Wie bei allen proklamierten Paradiesen, fanden sich sofort Leute, die das Gefühl empfanden, sie seien daraus vertrieben worden. Ihre Flucht aus der Heimat wurde eine Rückkehr in ein ersehntes Eden, das es in Wirklichkeit nicht gab. Vielleicht wurde Amerika sogar vor seiner Entdeckung erfunden, denn die phantastischen Reiseberichte des Mittelalters schildern sehnsüchtige Utopien, lange bevor Thomas Morus sein Nirgendsland ersinnen konnte.

---

* Allerdings muß ich einräumen, daß Globalurteile meistens fragwürdig und oft dumm sind. Wenn man einen Katalog davon aufstellte, was man in einem Volk über ein anderes sagt – ja sogar was ein Volk von sich selbst sagt –, man erhielte einen *sottisier* ersten Ranges. Äußerungen dieser Art dürfen höchstens nur von einem einzelnen unterzeichnet werden, nicht von einem Kollektiv.

Von den Niagara-Fällen sagte Oscar Wilde, sie seien für viele Hochzeitsreisende die erste Enttäuschung im ehelichen Leben. Das gilt, mehr oder weniger, für das ganze Land. Beherrscht von der Meinungsindustrie, jener stinkendsten Dienerin des Fortschritts, hat es sich an die große Lüge gewöhnt als die einzige Wahrheit, die keines Plurals bedarf. Zur Rede gestellt, antworten sie, es sei alles nur halb so schlimm, denn wer glaube schon an irgend etwas? In ihren Herzen ist Babylon.

Der zweite Blick: »Ich weiß«

Das Wissen, das sich in dem Ausruf ausdrückt »Ich weiß, daß mein Erlöser lebet!« ist sehr verschieden von dem Wissen, das so ein Satz wiedergibt wie »Ich weiß, daß die Erde sich um die Sonne dreht«. Die induktiven Grundlagen fehlen dem Sprecher in beiden Fällen. Vom Leben des Erlösers hat er sich nicht persönlich überzeugen können, noch war er dabei, wie die Erde um die Sonne rotierte. Man kann nicht einmal sagen, nur die zweite Behauptung sei experimentell überprüfbar, denn der sie aufstellte, war höchstwahrscheinlich dazu nicht in der Lage. Die erste der beiden Feststellungen hätte auch von einem Hellenen des Altertums kommen können; nur hätte er sich nicht des Namens des Heilands bedient, sondern er hätte von einem *Sotēr* gesprochen. Der große Retter spielte eine wichtige Rolle in den alten Religionen, besonders in der Gnostik, nicht unähnlich dem Engel aus den »Duineser Elegien«. Vom andern alten Griechen hätte man jedoch, mit gleicher Emphase, hören können »Ich weiß, daß die Sonne sich um die Erde dreht«, es sei denn, er habe etwas vom großen Aristarch gehört: ein unwahrscheinlicher Fall.

Es wäre gewiß viel zu oberflächlich zu sagen, die erste Art von Wissen komme aus dem Herzen, die zweite aus dem Kopf; aber etwas ist schon daran. Das erste Wissen ist ein Glaube, das zweite ein Erlernthaben. Jenes kann auch durch die schlüssigsten Beweise nicht erschüttert werden, selbst die schönste Logik hilft nichts; dieses, meistens durch Hörensagen und nicht durch Erfahrung erworben, ist radikaler Revision unterworfen, so zwischen Ptolemäus und Copernicus, Stahl und Lavoisier, Lamarck und Darwin.

Wissen blickt in das Gewesene; es ist eine Vergangenheit, die in der Gegenwart ruht. Aus dem lateinischen *scire* ist *scientia* geworden und damit die hauptsächliche Grundlage der gegenwärtigen Zivilisation. Aber sowohl das Griechische wie auch das Lateinische besitzen für »ich weiß« auch eine tiefsinnigere Perfektkonstruktion, die das Wissen in die Vergangenheit versetzt: Griechisch *oida* (eigentlich »ich habe gesehn«), Lateinisch *novi* (eigentlich »ich habe erkannt«). Wenn man die Entwicklung des deutschen Verbums *wissen* verfolgt, sieht man, daß auch dieses aus einem Präteritum hervorgegangen ist. Auch die zweite Art, das erfahrene Wissen, ist auf die Vergangenheit bezogen, und eigentlich, im Gegensatz zum Glaubenswissen, nur auf diese. Dies zeigt sich in der Diskordanz zweier äußerlich so ähnlicher Sätze: 1) Ich weiß, daß ich gestern im Büro war; 2) Ich weiß, daß ich morgen im Büro sein werde. Hoffnung oder Vermutung sind nicht Wissen. Inwieweit auch unsere Naturgesetze unter diese Beschränkung fallen, kann ich nicht sagen. Für den Gläubigen dürfte Gottes Allmacht selbst vor dem Periodischen System der Elemente nicht haltmachen.

»Ich weiß aus Erfahrung, daß ich jeden Winter einen Schnupfen kriege«: ein banaler Satz, aber ich lasse ihn gerne bei seinem heiser erworbenen Wissen. »Ich weiß aus Erfahrung, daß die Erde sich um die Sonne dreht«: was für ein dummer Satz! Nichts weiß er aus Erfahrung, man hat es ihm nur erzählt. Die niedrigere Art von Wissen, das Kopfwissen, spaltet sich also weiter, und tatsächlich in so viele Unterabteilungen, daß ich keine Zeit habe sie aufzuzählen. Und dann, ganz weit oben, gibt es noch ein Wissen, das beiden Kategorien, dem Herzen und dem Kopf, angehört: »Ich weiß, daß alle Menschen sterben«. Hoffnung? Erfahrung? Demut?

Es gibt keine Gewißler oder Bewußtseindler, es gibt aber Wissenschaftler.* Im Gegensatz zum Glauben, Hoffen, Ahnen, Fürchten und so vielen andern Tätigkeiten des Gemütes ist das Wissen seit vielen Jahrhunderten, ja Jahrtausenden institutionalisiert, zuerst als Dilettantismus, dann als freier Beruf und zuletzt als Gesellschaftsstand. Nur mit dem Denken ging es ähnlich zu, aber weniger virulent, denn die Philosophen sind, wie ihr Name es ausdrückt, Amateure der Weisheit.

Leider wissen wir sehr wohl, daß man ein Amateur des Klaviers sein kann, ohne es gut zu spielen. Aber auch ein Klavierstimmer, also ein Fachmann, braucht nicht gut spielen zu können. So sind heutzutage die meisten Wissenschafter auch nur die Stimmer des Gewußten: ein jeder in seinem Fache versteht, welche Drähte anzuziehen sind, welche Tasten zu ersetzen.

Man könnte sagen, daß nur was der einzelne Mensch weiß, ihm nützen und ihn lenken kann, denn der Sinn des Wissens liegt im Gewußt*sein*. Was der einzelne weiß, ist nur zu einem kleinen Teil die Summe dessen, was er gelernt, gehört, gelesen, gesehen hat; dazu kommt als wesentlicher Anteil das, was er durch eigenes Nachdenken erworben hat; das wichtigste aber, das ihm wirklich Eigene ist ihm zugewachsen, er weiß nicht wie. Dieses letztere ist, fürchte ich, nicht allen Menschen gegeben, und die Fähigkeit oder Anlage dazu ist im raschen Schwinden begriffen. Vielleicht ist diese Verkümmerung des Menschlichen die wahre Tragödie unserer Zeit. Ich wollte nur, ich wäre fähig, meine Gedanken besser auszudrücken. Mir fällt nur so ein Wort wie Verstumpfung ein; vielleicht wäre Versandung oder Verwüstung besser. Ob die Seele des Menschen – gibt es sie überhaupt noch in unserer psychologisierenden Zeit? – ob die Seele also, wie Tertullian es lehrt, von Na-

* Das Grimmsche Wörterbuch, das endlich durch den Deutschen Taschenbuch Verlag leichter zugänglich gemacht worden ist – eine große Kulturtat! –, betont den »verkleinelnden Sinn« dieser Bezeichnung, registriert jedoch seinen Vorsprung vor dem älteren Wort »Wissenschafter«, das allerdings in Österreich und in der Schweiz noch üblich ist.

tur aus christlich ist, kann ich nicht sagen; wohl aber, daß nach meiner Meinung es das Wissen der Seele ist, das uns verlorengegangen ist. Man kann es auch die Fähigkeit zu glauben nennen, aber auch das ist nicht alles, was die lahme Feder sagen möchte und nicht zu sagen vermag.

Mit der soeben erwähnten galoppierenden Verstumpfung mag auch die überall ansteigende und in Amerika fast vollständige Unfähigkeit, Dichtung und Kunst aufzunehmen, zusammenhängen. Das gilt nicht nur für die modernen Schöpfungen, die es einem ja nicht leicht machen, sondern für alle. Dies geht einher mit einer aus Neugier, Glotzsucht und Schadenfreude gemischten Überproduktion von Unterhosenbiographien berühmter Leute. Die meisten Werke der in diesen eifrig gelesenen Büchern Besprochenen sind nicht mehr erhältlich, denn aufgenommen wird nur der Mist, der über sie geschrieben wird.

Nach dieser etwas langen Parenthese kehre ich zurück zu dem, was uns hier beschäftigt, zum Wissen. Hier muß man – ich habe es schon angedeutet – unterscheiden zwischen dem, was ein Mensch weiß, und dem, was er angeblich wissen kann, also dem Wissen, das den Inhalt der Wissenschaften bildet. Dabei tritt uns ein Paradox entgegen: wir leben zugleich in den ignorantesten und in den wissendsten Zeiten. Selbstverständlich stehen meine Eindrücke unter dem Einfluß der Tatsache, daß ich in Amerika lebe, aber viel anders wird es auch anderswo nicht sein. Das, was man früher, mit vielleicht übertriebener Stolzesblähung, auf deutsch *Bildung*, auf französisch *culture* nannte, ist überall verschwunden. Es war eines der rühmlicheren Attribute des Bürgertums auf seiner Höhe im 19. Jahrhundert, denn es bedeutete eine feste Vorstellung vom Standort des einzelnen in einer immer verworrener werdenden Welt. Mit all dem, wie mit so viel anderem, hat das Jahr 1914 Schluß gemacht.

Der unsere Zeit charakterisierende enorme Wissenschaftsbetrieb ist erst zur Zeit des Zweiten Weltkriegs erkennbar geworden, denn es dauerte fast 100 Jahre, bevor die kritische

Masse erreicht wurde. Das Wachstum war höchst ungleichmäßig: die Naturwissenschaften übernahmen die Führung, und unter ihnen hauptsächlich diejenigen Fächer, deren Ergebnisse sich zu rascher technischen Verwendung eigneten. Es gibt jetzt viele Gebiete, in denen zwischen reiner und angewandter Forschung kaum mehr unterschieden werden kann.

Die Geisteswissenschaften haben sich vielleicht weniger verändert, sind aber an der sogenannten Wissensexplosion ebenfalls beteiligt. Über diese kann ich jedoch nicht sprechen, ohne mich dem ersten Gegenstand meiner Betrachtung, nämlich Amerika, wiederzuzuwenden, und so tue ich lieber einen dritten Blick.

Der dritte Blick: »Wir wissen«

Bald nachdem ich mich in Amerika niedergelassen hatte, fiel mir auf, daß dort bei Regierungswechsel nicht nur die Briefträger, sondern auch die Philosophen umgetauscht wurden. Was jene betrifft, ist es unterdessen besser geworden, und Philosophen gibt es längst nicht mehr, außer um die Kleinen zu lehren. Später wurde mir klar, daß Amerika nicht nur ein sehr großes Land ist, sondern auch ein sehr pragmatisches. So hatte man schon längst erkannt, daß durch Nachdenken niemand reich geworden ist, wohl aber durch Produktion. (Daß die Bevölkerung unterdessen erschlafft und faul geworden ist, ist eine andere Sache.) Daß wir von einer Wissensexplosion, einer schlagartigen Überproduktion von sogenanntem Wissen sprechen können, ist, so möchte ich behaupten, dem Auftritt Amerikas auf der Szene der Weltgeschichte zuzuschreiben.

Explosionen sind im allgemeinen unangenehme Ereignisse. Trifft das auf die Wissensexplosion nicht zu? Das wäre zu untersuchen. Daß eine Hundeexplosion den Hasen gefährdet, hat schon die Volksweisheit erkannt. Nur kann man dieses Sprichwort umdrehn – »viele Hasen sind des Hundes Tod« –, denn der arme, wenn er seine Kräfte zersplittern muß, bleibt überanstrengt auf der Strecke. In diesem Sinne habe ich schon anderswo auseinandergesetzt, daß die von der Naturforschung unternommene Hetzjagd auf die Wahrheit über die Natur dazu führt, daß diese sich in unzählige winzige Wahrheiten spaltet, deren jeder man dann separat nachsetzen muß. Aus dem Blätterwald der ungeheuer angeschwollenen Literatur dringt das Keuchen der Jäger.

Lange bevor es augenscheinlich wurde, hat Schopenhauer es erkannt. Im zweiten Band der *Parerga und Paralipomena* schreibt er (§ 254):

> Von dem menschlichen Wissen überhaupt, in jeder Art, existirt der allergrößte Theil stets nur auf dem Papier, in den Büchern, diesem papiernen Gedächtniss der Menschheit. Nur ein kleiner Theil desselben ist, in jedem gegebenen Zeitpunkt, in irgendwelchen Köpfen wirklich lebendig. Dies entspringt besonders aus der Kürze und Ungewißheit des Lebens, zudem aus der Trägheit und Genußsucht der Menschen. Das jedesmal schnell vorübereilende Geschlecht erreicht vom menschlichen Wissen was es gerade braucht. Es stirbt bald aus. Die meisten Gelehrten sind sehr oberflächlich. ...

Nur wer so resolut auf seiner Würde als Privatgelehrter beharrte, konnte das aussprechen. Die mitten im Wildwuchs der beginnenden Wissensfabrikation lebenden Professoren hätten es schon damals nicht erkennen können.

Selbst Schopenhauers Erkenntnis reichte nicht weit genug, um den gegenwärtigen Zustand vorhersagen zu können. Er lebte in der letzten Epoche, wo der Begriff des Gelehrten noch einen Sinn hatte. Bald nachher kam der Fachmann, und dann war es zu Ende. Darüber habe ich bereits andernorts gesprochen.

Ich denke, es war in Amerika, wo im Zuge des allgemeinen Fortschrittsrausches das Schlagwort vom »neuen Wissen« aufgekommen ist. Dazu gehört eine Schnitt- und Kurzwarenmentalität, die sich nur für das Allerneuste, von der Tagesmode Anbefohlene erwärmt; das alte Wissen wird zu Schleuderpreisen abgesetzt. Alljährlich enthält das Budget, defizitär wie es sein mag, Hunderte von Millionen zwecks Suche nach »new knowledge«. Was gesucht wird, ist nicht ohne weiteres klar, aber neu muß es sein. Daß die unterdessen so mächtig gewordene Klasse der Wissensproduzenten hinter diesem Budgetposten steckt, braucht nicht betont zu werden. Und so wird, um diese Klasse zu besolden, emsig nach neuem Wissen gegraben – meistens ist es nur ein Dezimalwissen –, und gleichzeitig sieht man dazu, daß dieser Stand sich dauernd vermehrt.

Wenn Wissen eine Aktivität des Intellekts ist, so muß die Zwangsernährung des Intellekts von Staats wegen verhängnisvolle Folgen haben. Das »papierne Gedächtnis der Menschheit« kann überbeansprucht werden, so daß der einzelne nicht mehr weiß, was er nicht weiß, und infolgedessen nicht in der Lage ist zu fragen. Diese Ignoranz zweiter Ordnung, wie ich sie nennen möchte, ist jetzt in den Naturwissenschaften, und vielleicht in allen Wissenschaften, üblich geworden. Sie erzeugt den Fachmann, der, im wütenden Ozean des Halbwissens schwimmend, sich verzweifelt an das schmale Brettchen klammert, das für die Natur zu halten er gezwungen ist.

Dieses Wissen also – man müßte es ganz in verschnörkelten Großbuchstaben der Frakturschrift drucken – hat nichts mehr mit dem Wissen des einzelnen zu tun. Es wird in Speichern aufbewahrt und verdirbt leicht – Kühlung hilft nicht –, denn es ist überholbar und hat eigentlich nur die Funktion zu veralten. Sein Hauptwert liegt in seiner Ersetzbarkeit. Haltbarkeit eines Produktes ist ein Vorzug nur, wenn es mit anderen Erzeugnissen konkurrieren muß. Die Forschung ist aber, von dieser Seite gesehn, ein Monopol; ihre Kundschaft besteht zwar ausschließlich aus Konkurrenten, aber es ist eine Konkurrenz eigener Art, denn der Wettbewerb geht hauptsächlich um Stellungen und Ehrungen; außerdem behauptet ein jeder, ein von den andern verschiedenes, neues Produkt feilzubieten.

Die von der Gesellschaft geförderte und ohne Staatshilfe undenkbare Wissensexplosion hat viele Folgen gehabt, aber diese waren nicht die gleichen in allen Wissenschaften. Am verhängnisvollsten waren sie für viele Gebiete der Naturforschung. Aber zuerst möchte ich die Wirkung dieser allgemeinen Hypertrophie auf die Universitäten selbst erwähnen; etwas was mir aufgefallen ist, wenn ich meine frühen Tage an der Yale-Universität und der Berliner Universität mit meinen spätern an der Columbia Universität vergleiche. Die Labsal öffentlicher und privater Gelder fällt bekanntlich nicht im gleichen Ausmaß auf alle Disziplinen, die an den Universitäten gelehrt und erforscht werden. Das war wahrscheinlich immer so, denn seit Menschengedenken scheint die Mode das Werkzeug zu sein, mit dem die Vorsehung die Menschen verwirrt und durcheinander wirbelt. Solange diese Tyrannin aber auf einzelne verständige und redliche Männer stieß, bestand noch die Möglichkeit, daß das zustandekommende Parallelogramm der Kräfte das Ärgste verhinderte. Wo Platz für Physik oder Chemie war, mußte auch Platz sein für Patristik oder griechische Philologie. Das ehrwürdige Alter der Universitäten wirkte als Patina des Allerneusten, so daß sogar im modernsten Windkanal noch immer die uralten Winde des Äolus wehten.

Der unverhältnismäßig große Anstieg der Naturforschung seit dem Zweiten Weltkrieg hat jedoch die frühere Ausgewogenheit zerstört. An den meisten amerikanischen Universitäten müssen jetzt die Geisteswissenschaften von den wenigen Brocken leben, die vom reich besetzten Tisch der Naturwissenschaften abfallen. Von diesen wird hingegen erwartet, daß sie viel Geld einbringen; und so sind viele Gebiete – Medizin, Genetik, Agrikultur, aber auch Physik und Chemie – völlig kommerzialisiert worden: große Konzerne haben sich in die bedeutendsten Universitäten eingekauft, und die Luft, die dort weht, ist die Luft des Marktplatzes. Was als wissenschaftliche Wahrheit figuriert, wird jetzt auf der Börse notiert. Dabei denke ich, daß, wenn es so etwas gäbe wie eine Waage für wissenschaftliche Errungenschaften, man finden würde, daß in den letzten vierzig Jahren seit dem Ende des Zweiten Weltkriegs weniger grundlegende Entdeckungen gemacht worden sind als, sagen wir, in der vorhergehenden Periode 1905 bis 1945. Da es aber eine solche Waage nicht gibt, müssen wir es der Zukunft nebst allen ihren andern Sorgen überlassen.

Der vierte Blick: »Wer weiß?«

Die Weisen sollten wissen, aber sie sind dünn gesät. Ich wende mich gern an Wittgenstein, manchmal mit Erfolg, denn er schreibt[3]:

> Die apokalyptische Ansicht der Welt ist eigentlich die, daß sich die Dinge *nicht* wiederholen. Es ist z. B. nicht unsinnig, zu glauben, daß das wissenschaftliche und technische Zeitalter der Anfang vom Ende der Menschheit ist; daß die Idee vom großen Fortschritt eine Verblendung ist, wie auch von der endlichen Erkenntnis der Wahrheit; daß an der wissenschaftlichen Erkenntnis nichts Gutes oder Wünschenswertes ist und daß die Menschheit, die nach ihr strebt, in eine Falle läuft. Es ist durchaus nicht klar, daß dies nicht so ist.

Das, 1947 geschrieben, aber 30 Jahre später gedruckt, war Wasser auf meine Mühle, die ich gerade damals zu errichten begonnen hatte. Der Sprung von der Apokalypse zum technischen Fortschritt – oder eher umgekehrt – war mir nicht unvertraut, und ich fing an, mich im Schatten eines Großen zu sonnen. Aber kurz war die Freude, als ich, nur 13 Seiten weiter im selben Buch, auf eine andere Aufzeichnung, ebenfalls aus dem Jahre 1947, stieß[4]:

> Es könnte sein, daß die Wissenschaft und Industrie, und ihr Fortschritt, das Bleibendste der heutigen Welt ist. Daß jede Mutmaßung eines Zusammenbruchs der Wissenschaft

und Industrie einstweilen, und auf *lange* Zeit, ein bloßer Traum sei, und daß Wissenschaft und Industrie nach und mit unendlichem Jammer die Welt einigen werden, ich meine, sie zu *einem* zusammenfassen werden, in welchem dann freilich alles eher als der Friede wohnen wird. Denn die Wissenschaft und die Industrie entscheiden doch die Kriege, oder so scheint es.

»Da soll man sich auskennen bei denen Weisen!«, könnte Nestroy ausgerufen haben. Dann aber sagte ich mir, daß die Weisheit darin besteht, das eine zu erhoffen und das Gegenteil zu erwarten. Allerdings könnte da sogar Buridan zum Esel werden. Pessimistisch zu sein selbst mit Bezug auf die eigenen pessimistischen Aussagen ist wahrscheinlich ein Zeichen von Klugheit. »Ich hoffe, ich habe unrecht«, ruft der verschmitzte Pessimist, aber im stillen sagt er sich: »Es wird schon immer schief gehn auf dieser runden Welt.« Für mein Teil brauche ich nicht zu wiederholen, daß ich mit der ersten der beiden Überlegungen Wittgensteins übereinstimme.

Übrigens kann ich mir sehr gut vorstellen, daß der von Wittgenstein heraufbeschworene »Anfang vom Ende der Menschheit« geraume Zeit beansprucht, jedenfalls mehr als das Ende vom Ende. Über dieses werden die wahrscheinlich nicht sehr zahlreichen Beobachter kaum im Zweifel sein. Es ist demnach keineswegs undenkbar, daß – je nach dem Standort des Betrachters – die Menschheit gleichzeitig unter- und weiterzugehen scheint. Was ich jedoch nicht einzusehen vermag, ist die Art und Weise, in der die in der zuletzt zitierten Bemerkung angedeutete Einigung der Welt durch Wissenschaft und Industrie zustandekommen soll. Meine utopischen Bedürfnisse sind so gering, daß ich froh bin, wenn ich am Ende einer Reise durch die Stadt New York lebendig ankomme. Daß die Löwen und die Lämmer dank gemeinsamem Genuß von Nestlémilch Klaue in Tatze im Paradies auf Erden promenieren werden, halte ich für unwahrscheinlich. Eher werden die Menschen, die ja bekanntlich viel böser sind als je ein

Tier, einander via Satelliten auszurotten versuchen. Einigung oder Untergang der Menschheit sind, wenn sie wissenschaftlich vermittelt werden sollen, synonyme Begriffe. Vielleicht hat also der Weise immer recht, auch wenn er das Gegenteil sagt.

Als Naturwissenschafter bin ich gelehrt worden, eine Wirkung auf ihre Ursache zurückzuführen, und im Feuer der Forschung ist man selten im Zweifel über die Rangordnung; es herrscht eine strikte Hierarchie, und es wird selten vorkommen, daß man Ursache und Wirkung verwechselt. Wenn aber Agens und Effekt nicht auf demselben Laboratoriumstisch nebeneinander liegen, erheben sich oft Zweifel, die der unfreundlich Gesinnte metaphysisch nennen wird – das Ärgste, was einem Dr. rer. nat. passieren kann. Wir alle wissen, daß die enormen Fortschritte der Hygiene und der Medizin für den ungeheuren Bevölkerungsanstieg verantwortlich sind. Ich habe gesagt »wir alle wissen«; aber weiß ich es? Vielleicht ist es umgekehrt, und der Bevölkerungsanstieg ist die Ursache: damit er stattfinde, sind Hygiene und Medizin so weit fortgeschritten.* Vielleicht war es oft umgekehrt, und die Dinosaurier sind so groß geworden, damit sie untergehen. Als Belsazar sich zum Bankett einfand, wußte er nicht, daß das geschehe, damit die Schrift an der Wand erscheine.

Was ich über die Schwierigkeit gesagt habe, zwischen Ursachen und Wirkungen zu unterscheiden, gilt auch für die Symptome. Viele Symptome sind des Kranken Tod, und ich halte die herz- und geistlose Wissensexplosion unserer Zeit für ein höchst bedenkliches Symptom. Die uralten Gleichnisse vom Baum des Wissens und vom Baum des Lebens sind unerschöpflich in ihrer Tiefe. Wenn die Früchte des Wissens unverzüglich dem Konsum zugeführt werden, wie es jetzt geschieht, wird die Manna zum Gift. Sollen die Raumstationen Plattformen für Leute werden, die darüber weinen, daß sie

---

* Nicht alle Ventile öffnen sich in die erwartete Richtung: man hat das in Seveso erlebt und letzthin in Bhopal.

vergessen haben, wie man zur Erde zurückkommt? Ich glaube, es gibt einen geheimnisvollen Zusammenhang: wenn der Baum des Wissens zu viele und zu große Früchte trägt, verdorrt der Baum des Lebens.

Der letzte Blick: die aufgegebene Schöpfung

»Die Ärzte haben den Kranken aufgegeben«, d. h. sie verzweifeln an seinem Leben. »Ich habe die Arbeit an dem Buch aufgegeben«, d. h. ich schreibe nicht weiter an ihm. »Der Lehrer hat uns eine Seite im Tacitus aufgegeben«, d. h. wir müssen daran arbeiten. Das Wort »aufgeben« ist ein vielkantiges Wort; es hat noch mehrere andere Bedeutungen, aber die hier angeführten schwingen im Titel meines Textes mit. Am wenigsten die letzte, denn der Mensch hat sich als ein schlechter Schüler erwiesen und hat die Aufgabe vernachlässigt. Anstatt sie zu übersetzen und zu verstehn, hat er die Seite aus dem Tacitus ausgerissen und bekritzelt sie. Wenn die Weiterarbeit an der Schöpfung den Menschen aufgetragen war, so ist sie in schlechten Händen. Es bleibt also bei meinen ersten beiden Beispielen.

Da ich ein manisches Ohr habe für Einwände, die vielleicht niemand erhebt, höre ich scharfe Kritik am Worte »Schöpfung«. Glaube ich am Ende an die kindische Beschreibung, wie man sie im ersten Buch Mosis liest? Auf solche Fragen antworte ich überhaupt nicht, denn ich weiß, was sich für einen Naturwissenschafter schickt. Ich glaube demnach an die allerneuste freche Hypothese über den *Big Bang*, und wenn es eine noch neuere und frechere gibt, die mir noch nicht zu Ohren gekommen ist, so glaube ich automatisch auch an sie. Ich weiß, was sich gehört.

Nur habe ich da eine kleine Schwierigkeit, und die hat zu tun mit den alltäglichen Wörtern Anfang und Ende. Mir wird nämlich schwindlig, wenn ich an Anfänge denke, und ich kann mir nur helfen, indem ich das Ende gleich mit einbeziehe.

Zum Wachsein brauche ich den Schlaf, zur Zeugung den Tod usw. Nur das hat für mich einen Anfang, was auch ein Ende hat. Soweit ich als einstmaliger Chemiker in Betracht komme, sind die chemischen Elemente ewig, oder besser, sie unterliegen nicht dem Begriff der Zeit, denn an die radioaktiven Elemente will ich lieber gar nicht denken; da hat der *Big Bang* seinen einzigen Fehler begangen. Aber vielleicht gibt es Ewigkeit nur im Traum der Eintagsfliege, und alles hat ein Ende, weil es einen Anfang gehabt hat.

Selbst der *Big Bang* war ja kein wirklicher Anfang, auch er mußte sozusagen mit Wasserstoff kochen, auch er bedurfte der Stofflichkeit. *Ex nihilo nihil,* aus nichts wird nichts – vielleicht ist das nur ein Denkbehelf für den zugegebenermaßen unvollkommenen Verstand des Menschen, der die ihm so notwendige Brücke im Worte Schöpfung fand. Dort wo sich jetzt das »Jüngste Gericht« von Michelangelo befindet, war zuerst nur eine leere weiße Wand. Daß diese in der Sixtinischen Kapelle war, ist unwichtig, aber es brauchte den Michelangelo. Ebenso führt das Wort Schöpfung zum Begriff des Schöpfers, der keineswegs so auszusehen braucht wie Darwin mit Nietzsche-Schnurrbart und Richard-Wagner-Käppchen. Tatsächlich gehören Gestalt, Wesen, Persönlichkeit usw. nicht zu dem Begriff des Schöpfers, der sich für mich von allen andern Begriffen dadurch unterscheidet, daß er keine Attribute besitzt. Theognosie muß wortlos sein.

Das Benennen ist hingegen eine eminent anthropomorphische Tätigkeit, denn das Menschsein tritt aus nichts so klar hervor wie aus der Sprache. Wenn die Menschen von Gott reden, müssen sie, ob sie wollen oder nicht, schon den weißen Umhängebart bereit haben, wie er uns in allen Dreifaltigkeitsbildern entgegentritt. Ich bleibe daher bei der Schöpfung, von der ich behaupte, daß sie Merkmale des Aufgegebenseins aufweist.

Statistik ist eine Art Kinderkrankheit für Erwachsene; wer

sie kriegt, kann überhaupt keine festen Aussagen machen. Wenn man mir in meinen grünern Jahren gesagt hätte, daß wir dem Ende der Menschheit beiwohnen, so hätte ich sicherlich geantwortet, das sei statistisch höchst unwahrscheinlich. Seit meinem Eintritt in das bedauerliche Stadium der Altersweisheit bin ich nicht mehr so sicher. Vieles spricht dafür, und wie mein früheres Zitat aus Wittgenstein gezeigt hat, wäre, wer das glaubte, in guter Gesellschaft. Die immer allgemeiner werdende Weltuntergangsstimmung kommt gewiß nicht nur daher, daß wir uns dem Ende des zweiten Millenniums nähern. Die sozialen und ökonomischen Risse im Weltgefüge werden weiter und unüberbrückbarer, und selbst die Völker, die der völligen Verarmung vorläufig entgangen sind, verfallen in zunehmende Verstumpfung, die, wenn die sexuellen, konsumatorischen und chauvinistischen Reflexe nicht wären, einer Versteinerung ähneln würde.

Rechts oben kämpfen sie gegen jede einzelne Abtreibung, während sie links unten Millionen dem Hungertod anheimfallen lassen. Links oben verfolgen sie den Ladendieb, während sie rechts unten einem Premierminister oder Präsidenten, der Millionen Bestechungsgelder erhielt, ein Denkmal oder eine Bibliothek in seinem Namen errichten. Wahrscheinlich hat man schon in neolithischen Zeiten Schurkerei als ein Zeichen der Menschlichkeit betrachtet, aber die Heuchelei, in der wir jetzt leben, ist, denke ich, ein Produkt des Christentums. Andere Religionen, wie auch alle Formen des Atheismus und der Freidenkerei, haben sich, des bin ich gewiß, äquivalente Scheußlichkeiten ausgedacht. Anständigkeit war immer ein Attribut des einzelnen, und unsere Zeit hat den einzelnen auf die Abschußliste gesetzt. Einige Überbleibsel schleichen noch an den Mauern entlang; aber wehe ihnen, wehe diesen kleingewachsenen Dinosauriern! Während sie, fröstelnd in der Kälte einer unwirtlichen Zeit, ihren kindischen Beschäftigungen nachgehen, ist alles um sie herum riesenhaft geworden: der Staatsapparat, die Wissenschaft, die Ignoranz, die Technik, die Produktion, das Defizit, die Bombendepots usw. Das einstmals große Wort Freiheit bedeutet nur mehr das Recht, sich durch die Maschen endloser nahtloser Netze hindurchzuwinden.

Ich glaube, es war in meiner Zeit, als vielen Menschen die Unverdaulichkeit des Fortschritts klar geworden ist. Oder, um es anders zu sagen, die von der Aufklärung unterzeichneten Pfandbriefe sind in unserer Zeit fällig geworden. Retrospektiv betrachtet, erweist sich der Fortschritt als die Aufforderung, gleichzeitig in alle Richtungen zu laufen, so schnell wie man kann. Die meisten Menschen können es aber nicht so schnell. So werden die Distanzen unerträglich groß und die Spannung wächst. Da ich die Elastizitätsgrenze jedoch nicht kenne, vermag ich nicht zu sagen, wie lange es noch so weitergehen kann; aber schöner wird es, denke ich, nicht werden.

Die Suche nach Wissen, nach neuem Wissen mag etwas Unschuldiges, ja Lobenswertes sein; nicht aber der Drang, es unverzüglich zu Münze zu schlagen. An einem Übermaß von Kafkainterpretationen wird die Welt nicht zugrunde gehen; sie ernähren dürftig den Schreiber und vergiften keinen Vogel. Aber die Errungenschaften der Chemie, der Physik, der Biologie werden mit krankhafter Hast verwertet, und das hat unsre Erde an den Rand der Unbewohnbarkeit gebracht. Als wenn das nicht arg genug wäre, haben Genetik und Medizin es auf sich genommen, Vorsehung zu spielen und den Gang des menschlichen Lebens in die ihnen erwünscht erscheinenden Bahnen zu lenken. Es wäre verfehlt, die sich derart verfolgt Fühlenden des Verfolgungswahns zu bezichtigen.

Wenn man mich fragt, woher ich das Recht nehme, etwas so Unschuldiges wie die Wissensexplosion mit etwas so Enormem wie dem Untergang der Menschheit in Beziehung zu setzen, habe ich eine einfache Antwort. Das Herz des Menschen ist zentripetal, die Naturforschung ist zentrifugal. Je weiter und schneller diese fortschreitet, um so mehr muß jenes zerrissen werden. Es gibt eine Grenze, in allem auf der Welt gibt es eine Grenze.

Anmerkungen

[1] Nietzsche, Sämtliche Werke, Kritische Studienausgabe, Bd. 13, S. 500 (Deutscher Taschenbuch Verlag – de Gruyter, 1980).
[2] ibid., Bd. 13, S. 366.
[3] L. Wittgenstein, Vermischte Bemerkungen (Suhrkamp, Frankfurt, 1977) S. 107.
[4] ibid., S. 120.

7. Einmal, am 2. Dezember ...

I

Heute, wie ich das schreibe, ist es der 2. Dezember 1982. Ein denkwürdiges Datum, denn vor genau vierzig Jahren fand in Chicago das unheilvolle Experiment statt, das die Ausführbarkeit einer künstlich hervorgebrachten nuklearen Kettenreaktion bewies. Es war die Gruppe unter Enrico Fermi von der University of Chicago, die unterhalb eines der Universität gehörenden Sportfeldes die Tat vollbrachte oder, richtiger gesagt, dem Vorgang zuschaute. Obwohl es üblicher ist, einen fünfzigsten Jahrestag zu feiern als einen vierzigsten, hat sich die Universität, angesichts des ehrwürdigen Alters der Überlebenden, entschlossen, das Fest schon heute durch ein Symposium zu feiern. Die Bevölkerung von Hiroshima und Nagasaki darf sicherlich den Weiheakt auf dem Bildschirm miterleben. Hätte man sie und insbesondere ihre Toten eingeladen, hätte der Hörsaal nicht ausgereicht.

Ich lege demnach auch mein Gesicht in die entsprechenden Falten und feiere mit. An dem Symposium nehme ich zwar nicht teil, besitze jedoch genug Einbildungskraft – in diesem Falle eine Art von hellseherischer Verzweiflung –, um den Inhalt der Ausführungen aus den Namen der Redner zu konstruieren. Besonders, was der Vorsitzende, E. Wigner, sagen wird, weiß ich genau. Ich hinwiederum werde etwas anderes sagen.

Zum Beispiel, daß es vielleicht keinen fünfzigsten Geburtstag der Atombombe geben wird. Die Toten reiten bekanntlich schnelle, und noch schneller, wenn sie es auf Raketen tun können. Es war daher keine schlechte Idee, den Jahrestag schon jetzt zu begehen, denn wenn man sich ein Symposium auch ohne Redner vorstellen kann, so doch nicht ohne Zuhörer. Und in zehn Jahren hätten die vielleicht ganz andere Sorgen.

Nicht daß unsre Zeit frei von Sorgen wäre, wovon sogar

manche mit der hier so schallend bejubelten Wissenschaft direkt zusammenhängen. So ist zum Beispiel die Weltwirtschaft wieder einmal völlig zerrüttet – Produktionsschwund, Arbeitslosigkeit, Inflation, Völkerwanderungen usw. –; und wieviel davon durch die dank den Errungenschaften der Naturforschung unerträglich teuer gewordene Kriegsproduktion verschuldet ist, kann ich nicht sagen. Diese Unfähigkeit ist nur zum Teil mir selbst schlechtzuschreiben; ich glaube, daß es heute niemanden geben kann, der wirklich versteht, was vor sich geht. Während früher ein einzelner – sagen wir, zum Beispiel Montaigne – den Eindruck haben konnte, daß er den Menschen und die Welt verstehe, ist jetzt das Verstehen in so viele durch unzähliges Pseudowissen belastete Teilchen gespalten worden, in so viele einander nicht berührende winzige Kreise, daß selbst ein Sokrates irregehen müßte.*

Der anfangs erwähnte Gedenktag feiert einige Großtaten der Physik und der Chemie, also der beiden grundlegenden reinen Naturwissenschaften. Waren sie jemals rein, hätten sie rein bleiben können? Meine Antwort auf beide Fragen ist Nein; das ist aber nicht die Richtung, in die ich meine Ausführungen dieses Mal lenken möchte. Ich will mich nämlich nicht allzu weit von meinem Anlaß entfernen.

II

Im Kunsthistorischen Museum in Wien befindet sich eine kleine Skulptur aus der Zeit der deutschen Renaissance. Sie stammt von einem bedeutenden Augsburger Bildhauer, Gregor Erhart, und heißt *Vanitas.* Drei nackte Figuren stehen in einem engen Kreise mit dem Rücken zueinander: ein zierlicher junger Mann, ein schönes Mädchen und eine fürchterlich

* Könnte es heutzutage noch einen Mystiker oder auch nur einen Gnostiker geben, so würde er bald zu hören bekommen, daß aus seiner neuen Publikation hervorgehe, er habe von dem Sitzungsbericht des letzten Gnostischen Weltkongresses keine Kenntnis gehabt.

ausgemergelte uralte Frau. Sie scheinen ineinander verwachsen und stehen doch allein. Was sie zusammenhält ist der alte Topos von der Eitelkeit des menschlichen Lebens.

So sind mir immer die Naturwissenschaften und die Naturforschung als eine geheimnisvolle Dreiheit erschienen. Auch sie bilden eine Gruppe, deren drei Aspekte, obwohl sie einzeln betrachtet werden können, untrennbar zusammenhängen. Diese Aspekte sind: 1) Ordnung, Gesetzmäßigkeit, Ebenmaß, die für den Eingeweihten zu dem Eindruck einer eigenartigen Schönheit zusammenwachsen; 2) Nützlichkeit für den einzelnen und das Gemeinwesen; 3) Gefährlichkeit.* Die erste Facette wird gewöhnlich den Forscher bezaubern, besonders wenn er sich der reinen Wissenschaft widmen will; die zweite, also die angewandte Wissenschaft, wird den Ingenieur oder den Arzt anziehen; die dritte wird meistens totgeschwiegen, es sei denn, daß einer sie aufgreift, weil ihm die Naturforschung überhaupt zuwider ist. Ich will zuerst ein paar Worte über jede dieser Erscheinungsformen sagen und dann einige allgemeine Betrachtungen anschließen.

III

1) *Schönheit* – Damit ist nicht ohne weiteres gemeint, was die Professoren der Ästhetik darunter verstehen. Auch denke ich nicht, daß es diese Eigenschaft ist, deren ein junger Mensch gewahr wird, wenn er sich entschließt, sich der einen oder andern Wissenschaft zu widmen. Eher schon eines der anderen Attribute, die ich soeben in der ersten Rubrik angeführt

* Und wo bleibt die *Wahrheit*?, wird man fragen. Wurden wir nicht in unseren Schulen gelehrt, daß die Naturwissenschaften die Wahrheit über die Natur suchen? Sie suchen sie, das ist richtig; aber sie können sie nicht finden, denn in der den Wissenschaften eigenen reduktiven Form gibt es sie nicht. Die Forschung entdeckt kleine Teilwahrheiten, überholbare Wahrscheinlichkeiten. Allerdings, wenn Nietzsche sagt, die Wahrheit sei häßlich, denkt er nicht an die winzige Wahrheit über die chemische Struktur eines Zuckers.

habe: Ordnung, Gesetzmäßigkeit. Wenn ich aus meinem eigenen Fall schließen darf, so war es sicherlich die Festigkeit des Gerüstes, die Unzweideutigkeit der Befunde – zumindest erschienen sie mir so –, die mich neben einigem andern veranlaßten, Chemie zu studieren. Nur wenigen ist es beschieden, und ich gehörte nicht dazu, gleichsam im Traum oder in einem magnetischen Feld in eine bestimmte Richtung getrieben zu werden. Die meisten jungen Menschen spüren nicht, was sie wollen; im Nebel widerstreitender Empfindungen ist ihr Wille wirr. Sie müssen gestoßen, gezogen werden, oder sie spielen russisches Roulett mit ihrer Zukunft.

Dringt man tiefer in eine Naturwissenschaft ein, so verringert sich, wenigstens für den skeptisch Veranlagten, der Eindruck von Ordnung und Festigkeit. Man merkt, daß alle Wissenschaften eine Geschichte haben, eine Geschichte voll von sogenannten Irrlehren; mit anderen Worten, daß sie eine Summe menschlicher Tätigkeiten darstellen, unterworfen allen Gefahren und Beschränkungen des Geistes, allen Schwankungen der Moden und »Paradigmen«. Wenn man tief genug gräbt, wird man finden, daß die Wissenschaften über axiomatischen Abgründen schweben, und daß, was als Gesetz erscheint, oft nicht mehr ist als eine Konvention. Immer haben die meisten Menschen geglaubt, sie seien auf dem rechten Weg, und immer hat er sich als falsch erwiesen. In dem Maße wie der Eindruck von Festigkeit und Ordnung der Naturereignisse abnimmt, wächst jedoch das Gefühl für ihre Schönheit und Harmonie. Es wächst die Ehrfurcht vor der Natur.

Das heißt, sie sollte wachsen. Daß es in unsern Tagen eher die Frechheit, Keckheit, Rücksichtslosigkeit, Brutalität sind, welche die Herrschaft übernehmen, darüber habe ich schon früher alles gesagt, was ich zu sagen weiß. Nun ist die Schönheit ein vielstrapaziertes Wort, und ich kann nicht erklären, warum mir die archaischen Koren so viel besser gefallen als die Venus von Milo, oder warum ich die byzantinischen Mosaiken von Ravenna als ebenso schön empfinde wie die Portraits eines Velasquez oder Goya.

Jedenfalls wurde, als ich mich mit den Jahren immer mehr in Forschungsarbeiten chemischen und chemisch-biologischen Charakters vergrub, die Überzeugung von der Schönheit dessen, was ich sah, immer stärker. Ob es sich um die Strukturformeln organischer Verbindungen handelte, um den Ablauf einer enzymatischen Reaktion, um den Aufbau biologischer Riesenmoleküle, um die Zusammensetzung und die Struktur der Nukleinsäuren: die geheimnisvollen und doch ebenmäßigen Wege, welche die Natur einschlägt, um ihre uns oft nicht erkennbaren Ziele zu erreichen, wieviel reine Freude machte es, diesen Wegen zagend nachzugehen! Die zitternde Erkenntnis angedeuteter Konturen war mehr wert als die durch den Verstand filtrierte, klare Darlegung einer Entdeckung.

»Was ist Schönheit«, habe ich einmal geschrieben, »als der Schrei, daß sie zugrunde geht?« Gerade im Erschauen des immer wiederkehrenden Vergänglichen liegt die Schönheit der Naturforschung; eine Schönheit, die mehr zu tun hat mit der von lebenden Formen als mit den Gebilden der Kunst.

IV

2) *Nützlichkeit* – Ich habe es immer abgelehnt, die Wissenschaften wertend einzuteilen in nützliche und unnütze. Diese Weigerung ist berechtigt, denke ich, wenn man die Wissenschaften aus ihrem eigenen Inneren betrachtet. Wenn Suchen und Forschen eine gültige menschliche Aufgabe sind, so darf man sie nicht mit zusätzlichen utilitaristischen Ansprüchen belegen. Ich glaube, daß ein Land, das sich nur mit nützlichen Wissenschaften abgeben will, überhaupt keine haben kann. Der Mehrheit aller Völker, die die Wissenschaften von außen betrachtet, also den Laien, wird das Ganze jedoch anders vorkommen.

Viele Tätigkeiten, auf die man jetzt vom Standpunkt der angewandten Wissenschaften blickt, wie z. B. der Bergbau, die Architektur, die Weberei, die Nahrungsmittelerzeugung, die

Färberei, die Medizin und ungezählte andere, hat es in der frühen Geschichte der Menschheit wahrscheinlich lange gegeben vor den entsprechenden angewandten und reinen Wissenschaften, die aus jenen Tätigkeiten geradezu herausgewachsen sind. Daß es sich dabei um nützliche Beschäftigungen handelt, bedarf keiner Erörterung. Vor der industriellen Revolution und dem alles überwuchernden Kapitalismus wird darüber wahrscheinlich Einstimmigkeit geherrscht haben. Wer das grandiose Werk von Joseph Needham über Wissenschaften und Technik im alten China durchblättert, wird einen tiefen Eindruck von der Treffsicherheit davontragen, mit der jenes Volk zwischen Nützlichkeit und Übermaß unterscheiden konnte. Sie scheinen es verstanden zu haben, immer zwei Schritte vor der Schranke haltzumachen.

Ich weiß nicht, ob man mir zustimmen wird, wenn ich einen wesentlichen, nicht nur quantitativen, sondern auch qualitativen Unterschied sehe zwischen einem Wohnhaus und einem hundertstöckigen Wolkenkratzer. Das gleiche gilt für ein mäßig angewendetes Medikament gegenüber dem in unserer Zeit üblich gewordenen sinnlosen Anstopfen mit Heilmitteln und Vitaminen. Das gleiche gilt für alle Früchte der Forschung, die sich nach kurzem Überschwang des Trimphgeheuls häufig als giftige Früchte erweisen. Die Kompromißlosigkeit des Forschers mündet allzu oft in die Verantwortungslosigkeit des Ausbeuters. Irgendwie sind Nützlichkeit und Mäßigung miteinander verbunden, und der Gegensatz, den ich anerkenne, liegt nicht zwischen den nützlichen und unnützen Wissenschaften, sondern zwischen den nützlichen und schädlichen.

V

3) *Gefährlichkeit* – Dennoch ist diese Unterscheidung nicht leicht durchzuführen, denn heutzutage sind gerade die nützlichsten Wissenschaften oft die gefährlichsten. Wie es meistens der Fall ist, liegen die Anfänge der Übel weit zurück,

lange bevor man solche Wörter kannte wie »DDT« oder »Agent Orange«, »Seveso« oder »Dioxin«, »saurer Regen«, »Atommüll«, »Kernkraftwerk« usw. Genauso wie die Umwelt sich zu verschlechtern begonnen haben muß, lange bevor das Wort »Umwelt« aufkam. Dann war es nämlich zu spät.

Es ist leicht, eine Liste von Naturwissenschaften aufzustellen, die zugleich schön und ungefährlich sind. Das sind meistens diejenigen Wissenschaften, die ich einmal historisch-deskriptiv genannt habe, also z. B. die durch den Präfix »Paläo-« gekennzeichneten, aber auch unter Umständen die Zoologie, Botanik, Agronomie, Ethologie usw. Bis vor kurzem hätte ich auch die Astronomie dazugerechnet; aber nicht mehr, seit sie einerseits an der Militarisierung des Weltraums mitwirkt und sich andererseits auf die Suche nach extraterrestrischer Intelligenz begeben hat.* Die Verdummung und Brutalisierung der Menschen durch die Wissenschaften wird meistens nicht unter die Gefahren gerechnet. Mit Unrecht, denn nicht nur der Leib ist Gefahren ausgesetzt.

Ganz anders sieht es hingegen aus, wenn man Ausschau hält nach Wissenschaften und Forschungsrichtungen, die Nützlichkeit mit Ungefährlichkeit verbinden. Denn in unserer Zeit führt die Anwendbarkeit unverzüglich zum Mißbrauch. Das scheint eine der Signaturen des Verfallskapitalismus zu sein.**

Daß die nützlichsten Naturwissenschaften auch die gefährlichsten sind, besonders wenn man die von ihnen belebten technischen Wissenschaften dazurechnet, kann leicht erhärtet werden. Die Physik, kann man sich etwas Nützlicheres vorstellen? Hat sie uns nicht das Mikroskop und die Dampfmaschine beschert, die Elektrizität, das Telephon, den Tele-

* Von unbegreiflicher Dummheit erscheint mir die Vorstellung, daß eine Zivilisation, schlau genug, die Signale des Herrn Sagan aufzufangen, nicht auch die Schlauheit besitzt, sie nicht zu beantworten. Daß das Weltall der Erde einen Korb gibt, war zu erwarten.

** Nicht umsonst ist »Undertaker« – das englische Wort für Leichenbestatter – die direkte Übersetzung von »Entrepreneur« oder »Unternehmer«.

graphen, den Verbrennungsmotor, die Photographie, die Radioaktivität, den Rundfunk, das Fernsehen, den Transistor, Laser, Computer und alle diese elektronischen Wunder der Gegenwart? Viele Seiten würden nicht ausreichen für einen Katalog der nützlichen Errungenschaften physikalischer Forschung. Diogenes würde natürlich nicht beistimmen und sagen, daß er sehr gut auskommenn kann ohne all dies Zeug. Aber um ihn wollen wir uns nicht kümmern, denn heute, anläßlich der Feier in Chicago, habe ich meinen fortschrittsfreudigen Tag. War das nicht schön, was dem Fermi da geglückt ist? Ein ähnliches Wohlgefühl wie das vom 2. Dezember 1942 muß die Dinosaurier beseelt haben, kurz bevor sie aus der Geschichte verschwanden. Vielleicht haben auch sie einige Champagnerflaschen geleert.

Nicht viel anders steht es mit der Chemie. Daß sie eine eminent schöne Wissenschaft ist, wird den meisten derer, die sie studiert haben – wenn sie nicht gleich anfangs in der Thermodynamik durchgefallen sind –, offenkundig geworden sein. Auch ist sie in ihrer erdgebundenen Solidität eine Wissenschaft, die sich weniger als manche andere zu Geschwätz und Gefasel eignet. Für den Chemiker ist unsere Welt ein Rhodus, darin man sehr schön springen kann. Daß die Chemie eine überaus nützliche Wissenschaft ist, wird auch kaum bezweifelt werden. Die Beiträge der Chemie zu dem, was wir anhaben, was wir verwenden, und leider auch zu dem, was wir essen, vermag ich gar nicht aufzuzählen. Von den Metallen zu den Kunststoffen, von den Düngemitteln zu den Antibiotiken, von den Nahrungs- zu den Ausrottungsmitteln: unser ganzes Leben ist im Übermaß von der Chemie durchtränkt.

Ist das Nützliche aber auch notwendig? Über diese Frage könnte man endlos nachdenken, wozu mir die Zeit fehlt; so ist meine Antwort kurz und wahrscheinlich voreilig, denn sie lautet: sehr selten. Daß die Leute mir versichern, sie können ohne das eine oder andere überhaupt nicht leben, macht auf mich keinen Eindruck. Die Tatsache, daß sie es mir versichern, ist der triftigste Gegenbeweis: ihre Vorfahren mußten es getroffen haben, ohne das eine oder andere zu leben, sonst wären sie selbst nicht da. Die einzige Behauptung meiner Zeitgenossen, die ich annehme, ist, daß, wenn sie so leben müßten wie, sagen wir, Dante, sie keine *Divina Commedia* schreiben könnten.

Von vielen andern reinen und angewandten Naturwissenschaften ließe sich Ähnliches sagen wie hier von der Physik und Chemie: manche ihrer Errungenschaften sind nützlich oder zumindest brauchbar. Dann aber entsinne ich mich der furchterregenden Dialektik des Untergangs mit ihren zwei unbequemen Schaukelkörben, über denen geschrieben steht: »Nützlich ist schädlich, schädlich ist gefährlich, also ist nützlich gefährlich.« Nicht willens, das Opfer des Intellekts zu bringen und einen so unsinnigen Schluß anzuerkennen, muß ich mir sagen, daß dieser nicht aus der Logik stammt, sondern aus dem Charakter der gegenwärtigen menschlichen Gesellschaft. Es ist eine Gesellschaft, die das Prinzip der Mäßigung überhaupt nicht zu kennen scheint. Die gleichsam kardanischen Kontrollen, die das antike Griechentum oder China in seiner großen Zeit nahe am Gleichgewicht zu halten vermochten, scheinen verloren zu sein. Gebrauch wird Mißbrauch, Nützlichkeit wird Todesgefahr; jeder Wunsch wird eine Begierde, jede Sättigung eine Übersättigung, jeder Bau ein Raubbau. Ein vertrottelter Prometheus zieht aus allem die äußersten Konsequenzen. Es kann nicht mehr regnen, ohne daß die Welt sauren Regen zur bösen Luft macht; der Kunstdünger wird eine Land- und Wasserplage; ein Pestizid tötet zuerst die Malariaträger, dann alle andern Insekten, was wieder die Vögel kränkt; ein Herbizid, gegen die Vietnamesen eingesetzt, macht seltsamerweise auch vor Amerikanern nicht halt. Mag man die Pandora mit noch so vielen Ehrendoktoraten überschütten, der Inhalt ihrer Büchse bleibt unverändert. Oben gehen die Segnungen hinein, und unten kommen sie als Verheerungen heraus. Ich fürchte, daß, bevor unser Jahrhundert zu Ende ist, mancher zu der Überzeugung kommen wird, daß, wer die Naturwissenschaft zur Schutzheiligen macht, kein Jüngstes Gericht mehr braucht. Der Racheengel *honoris causa* steht ihm zu Diensten.

VI

Solang die Beschmutzung gering war, solang die Insulte sich in Grenzen hielten, konnte das Lebendige sich ihrer erwehren. Das auf Erden herrschende Gleichgewicht entsprach einer durch Jahrmillionen hergestellten Homöostase, deren Bewahrung keine besonderen Probleme zu bieten schien. Schwefelhaltige Kohle hat man wahrscheinlich auch in früheren Zeiten verwendet, aber das reichte nicht aus, um den Regen schwefelsauer zu machen. Eine nicht unbeträchtliche chemische Industrie hat es gegeben, bevor die Vergiftung der Flüsse, Seen und Meere, des Bodens und der Luft offenkundig wurde. Ionisierende Strahlen müssen unter Umständen den Menschen angefallen haben, bevor es Zählinstrumente gab. Irgendwie konnten aber alle diese Belästigungen von der Zeit, die bekanntlich alle Wunden heilt, überdauert werden. Plötzlich jedoch – und es geschah in unsern Tagen – hörte die Zeit auf, alle Wunden zu heilen. Es schien, daß sie ihre pflegerische und haushälterische Funktion einstellte, sich darauf beschränkend, am Ende jedes Monats ans Fenster zu klopfen und die Miete zu verlangen; aufräumen mußten die Menschen selbst. Daß wir derart erinnert werden, daß wir nur Mieter auf Erden sind, auf Abruf und ohne Mieterschutz, mag heilsam sein; aber wir sind unglaublich schlampige Mieter geworden und hinterlassen die Wohnungen in einem verpesteten, unbrauchbaren Zustand, auf den das alte Heilmittel – abreisen, neu bauen – nicht mehr anwendbar ist.

Ein Gläubiger mag sagen, daß Gott eben eine kleine Welt geschaffen habe, zwei Menschen im Paradies. Natürlich besteht ein großer Unterschied zwischen zwei Lebewesen, die noch dazu keine Sterbewesen waren, und vier Milliarden oder mehr. Sicherlich sind gewisse angewandte Wissenschaften – die

Hygiene, die Ernährungswissenschaften, die Medizin – verantwortlich für Überproduktion und Verlängerung der Lebensdauer. Ob jedoch die Überbevölkerung, zumindest vorläufig, der Hauptgrund für unsere Misere ist, weiß ich nicht. Viel eher ist es der vom Profit angetriebene Produktionstaumel und die völlige Abwesenheit eines Weltgleichgewichts in Verteilung und Konsum. Wie es mir erscheint, kommt die Bedrohung in viel direkterer Weise von der Physik und der Chemie, und das bringt uns zurück zum Gegenstand meiner ungehaltenen Festrede.

VII

Ich will nämlich zuerst ein paar Worte sagen über das glücklich gespaltene Atom. Daß diese Großtat – das von Gottfried Keller verwendete Wort »Schofeltat« steht nicht im Duden – gerade unserem Jahrhundert vorbehalten war, ist natürlich kein Zufall. Die Vorstellung, daß man ein Atom gleichsam auf einen Amboß legen und mit einer Hacke spalten könne, wäre dem Demokrit nicht nur lächerlich vorgekommen, sondern auch höchst unwünschenswert. Erst in den letzten paar hundert Jahren haben die Menschen der westlichen Welt sich von den induktiven Naturwissenschaften aufgerufen gefühlt, ihre Nasen in alles zu stecken, auch in das, wovon man hätte denken sollen, daß es sie nichts angeht.

Der Wunsch, den Verlauf der Naturereignisse zu erkennen, zu beschreiben und, wenn möglich, zu verstehen, ist gewiß ein uralter Wunsch. Die Begierde, die Gegebenheiten der Natur zu verändern – es heißt natürlich immer, zu »verbessern« –, ist neu; nicht viel älter als unser Jahrhundert. Analysiert, zerlegt hat der Chemiker schon lange; die Untersuchung der Abbauprodukte ist die Grundlage organisch-chemischer Strukturforschung. Analyse war die Vorbedingung der Synthese; die Forscher der Vergangenheit spalteten, um aufzubauen. Daß unter Umständen selbst Atome, deren Unversehrbarkeit schon der ehrwürdige Name garantierte, zerfallen konnten, wäre ihnen nicht in den Sinn gekommen. Erst mit der Isolierung des Radiums und der Entdeckung der Radioaktivität veränderte sich das Vorstellungsfeld. Der Haß und der Schauder, mit denen die manische Sensibilität eines August Strindberg auf diese Entdeckungen blickte, hat immer einen tiefen Eindruck auf mich gemacht. Ahnte er, im Sieden der Atome, den Anfang der Wiederkunft und des Gerichts?

Dabei wäre es ein Fehler, sich die Forscher, die alle diese Triumphe der experimentellen Wissenschaften bewirkt haben, als Teufel mit funkelnden Augen vorzustellen, darauf aus, unsere Welt zu vernichten. (Unsere Welt wird vernichtet werden von Buchhaltern, die sich in den Tasten vergreifen.) Diese Forscher sind meistens einfache Leute in Laborkitteln, und sie finden oft etwas ganz anderes als was sie gesucht haben, sind aber überaus geschickt darin, sich umzustellen.* Das mag der Fall gewesen sein, als Hahn und Straßmann sich anschickten, die Wirkung von Neutronen auf Uran zu untersuchen, und Barium, Lanthan, Cer und Krypton als Spaltprodukte fanden. Die Wirkung der Publikation war jedoch explosiv – wahrhaftig ein sich selbst in die Luft sprengendes Klischee!

Wie schnell alles ging! Das Neutron wurde 1932 entdeckt, die Uranspaltung im Januar 1939, und im August 1945 waren bereits mehrere Hunderttausend daran gestorben: sechseinhalb Jahre zwischen Beobachtung und Verwertung.

Ist also das Verschwinden dessen, was ich als die kardanischen Kontrollen bezeichnet habe, an der diabolischen Schnelligkeit schuld, mit der alles heutzutage betrieben wird? Ich denke, das ist der Fall, vermag jedoch nicht zu sagen, worin die eine allgemeine Mäßigung gewährleistenden Kontrollen einstmals bestanden haben. Die Geschichte der Vergangenheit kann beschrieben werden – meistens falsch –, ich glaube aber nicht, daß sie erklärt werden kann; oder vielleicht besser, es

* Experimente sind Fragen. Wenn der Forscher auf die Frage A die Antwort B erhält, rekonstruiert er sofort die dazu passende Frage B, als hätte es sich von Anfang an um diese gehandelt.

gibt zu viele verschiedene, gleich gültige und gleich unbrauchbare Erklärungen. Jedenfalls herrscht in unserer Gesellschaft, was ich einmal den entropischen Imperativ genannt habe, nämlich die Maxime: Was getan werden kann, muß getan werden. Diese Lebensregel ist zugleich ein Freibrief und eine Entschuldigung für jede Art von Schandtat. Früher hätte es vielleicht geheißen: das meiste von dem, dessen der Mensch fähig ist, darf nicht getan werden. Wir sind diese puritanischen Hemmungen losgeworden, denn unser Unterbewußtsein wird jetzt so oft gewaschen wie unsere Unterkleidung.

VIII

Alles kann rationalisiert werden: der Kindermord von Beirut und die bald zu erhoffende Kreuzung eines Menschen mit einem Schimpansen. Der im Glanz der Lichter bescheiden lächelnde Forscher, dem dieses geglückt ist, wird nicht mehr Schuld daran tragen als General Sharon an jenem. Wer der Losung seiner Zeit folgt, hat ein gutes Gewissen. Aber sollte er es haben?

Auch die Gelehrten, die sich vor vierzig Jahren in Chicago versammelt hatten, folgten der Losung ihrer Zeit. Erst drei Jahre später, als sich das Blut- und Strahlenbad aufgetan hatte, begann das zum Teil heuchlerische Gewinsel über den Verlust der Unschuld. Das am 2. Dezember 1942 versammelte Physikerkollegium sah nicht aus wie ein passendes Objekt der Vergewaltigung. Wenn sie jemals Unschuld besaßen, waren sie die schon längst losgeworden.

Inmitten der gerade jetzt in den Vereinigten Staaten mit Wahnwitz vorangetriebenen nuklearen Aufrüstung hat sich nur eine kleine Gruppe von Naturwissenschaftern als mutig und aufrichtig erwiesen. Ich meine die in der Vereinigung »Physicians for Social Responsibility« zusammengeschlossenen Ärzte, die auf die Aufforderung der Regierung, einen Plan für die medizinische Versorgung der Überlebenden eines

Atomkriegs vorzubereiten, die einzig mögliche Antwort gaben, indem sie die Folgen eines Kernwaffenangriffs auf eine Stadt einfach beschrieben. Diese Ärzte scheinen die Losung unserer Zeit nicht gehört zu haben. Wohl aber tat es ein anderer Arzt in Texas, der eine Hinrichtung durch letale Injektion vorbereitete, indem er die passenden Venen des Opfers aussuchte. Auch der Seelsorger der Episkopalkirche folgte dem Zeitgeist – wahrhaftig ein Zeitgeistlicher! –, als er das Beichtgeständnis eines jungen Mannes, er habe zwei Morde begangen, sofort den Behörden übermittelte.

Ob Beichtstuhl, ob Hinrichtungszelle: die Neuigkeiten einer einzigen Woche öffnen mir den Ausblick auf eine Hölle von Zweifeln und Fragen. Zum Beispiel der Operationssaal in Salt Lake City im Staate Utah, wo vielleicht gerade jetzt der erste menschliche Empfänger eines künstlichen Herzens zum x-ten Mal in einer der zahlreichen, angeblich korrektiven Nachoperationen gequält wird. Mehrere Kälber sind ihm vorausgegangen, von deren einem mit dem kuriosen Namen Lord Tennyson ich bereits früher in meinem Buch *Warnungstafeln* (S. 85) gesprochen habe. Wie vorausgesagt, steht der Name des ersten Versuchsmenschen in allen Zeitungen; aber sonst sieht es nicht aus, als wäre die Implantation eines Kunststoffherzens so erfolgreich gewesen wie bei den Kälbchen, die allerdings nicht sagen können, wie sie leiden. (Der Patient übrigens auch nicht, denn er ist meistens bewußtlos.) Ich wünsche ihm und den so lautstark um ihn Bemühten den größten denkbaren Erfolg, frage mich jedoch, ob diese Form von Vivisektion nicht auch ohne das Zuschauen eines Riesenpublikums hätte erfolgen können. Vielleicht wird die experimentelle Chirurgie noch ein altes lateinisches Sprichwort, in seiner Umdrehung, lernen müssen: *Quod licet bovi non licet Jovi,* wobei das Kalb dem Ochsen noch immer viel ähnlicher ist als ein armer kranker Mensch dem Jupiter.

In derselben Woche erreicht mich noch eine weitere freudige Nachricht. Einem sogenannten Forscherteam sei es gelungen, durch Transplantation eines Stückes von Ratten-DNS in Mäuse

– also durch »genetic engineering« – Mäuse von Rattengröße zu erzeugen: eine Neuigkeit, die eigentlich nur die Katzen erfreuen sollte. Ich hatte immer gedacht, daß der Gigantismus eine Krankheit ist und daß es nicht die Aufgabe der biologischen Forschung ist, neue Krankheiten zu produzieren. Aber da bin ich schon wieder einmal überholt oder eines Schlechtern belehrt worden.

IX

Habe ich mich zu weit von dem Gegenstand des heutigen Festaktes entfernt, habe ich wahllos in zu viele Richtungen gleichzeitig losgeschlagen? Ich glaube nicht, denn in unsrer Zeit und in unsren Wissenschaften hängt alles zusammen. Kein Pestizid-Kristall fällt auf den Boden, ohne daß ein Vogel tot zur Erde fiele; kein medizinischer Bramarbas öffnet den Mund, ohne daß hundert Kinder irgendwo stürben; kein Physiker schreibt eine Gleichung, ohne daß tausend Augen aufblitzten über die Möglichkeiten, daraus eine Todeswaffe zu schmieden. Damit will ich keineswegs einen direkten Kausalzusammenhang postulieren, sondern nur ausdrücken, daß in bösen Zeiten alles zur Schuld wird. Als Pilatus sich die Hände wusch, waren es zwei Hände; jetzt sind es viele Millionen, und uns ist die Seife ausgegangen.

Das geglückte physikalische Experiment in Chicago hat die Welt zu einem unendlichen Siechtum der Angst und des Harrens verurteilt, bis an das Ende der Zeiten. Wäre es damals nicht gelungen, so schräg vis-à-vis ein paar Tage später. Denn in unserem wissenschaftlichen Zeitalter gibt es tausend weise Männer, zumindest weise genug, um aus jedem Fädchen einen Henkersstrick zu flechten. Auf meine Äußerungen kriege ich immer wieder die Antwort, es habe keinen Sinn, sich bloß zu beschweren, man müsse auch zeigen, wie es besser gemacht werden könne. Nun ist es schwer, ein Requiem in Dur zu schreiben, das Moll dringt immer durch. Auch hilft es nicht, die Verfasser von Threnodien zur Komposition von Liedern an die Freude aufzufordern. Ein jedes hat seinen Platz, und in unserer Zeit ist er dem Requiem vorbehalten. Denn ich sehe fürwahr wenig, was einen zum Jubel auffordern könnte, es sei denn die unleugbare Blüte der Naturwissenschaften. Es müßte aber schon ein seltsamer Ulrich von Hutten sein, dem selbst diese den Aufschrei entlocken könnte, es sei eine Lust zu leben. Ist es eine? Wer auf einem Vulkan lebt, kann vielleicht seinen Wohnsitz verlegen. Aber wir leben unter einem Himmel voll strahlender Damoklesschwerter, und dieser Himmel ist überall.

Zu diesem Zustand ist es, wie alles auf der Welt, auf die einfachste Weise gekommen, Schritt für Schritt. Zuerst ein kleines einfaches Experiment, eine Frage an zwei Dinge, wie sie sich verhalten, wenn man sie zusammenbringt.* Darauf folgte jedoch bald die Berechnung der ungeheuer großen freigewordenen Energie, und dann ging es los. Wie viel Zeit die technische Entwicklung der Atomspaltung unter friedlichen Umständen gebraucht hätte, kann ich nicht sagen; sicherlich viel länger als die sechseinhalb Jahre zwischen Hahn und Hiroshima. Vielleicht wäre es überhaupt nicht dazu gekommen, und die Leute, die mir versichern, wir können ohne Kernreaktion nicht existieren, hätten sich etwas anderes aussuchen müssen, ohne das sie nicht leben können. Wer hätte gedacht, daß die Physik und Chemie uns eine synthetische Pest bescheren würden, einen vererblichen Schwarzen Tod?

Es scheint der Fluch der Gegenwart zu sein, daß fast jeder Edelstein der Wissenschaft ein Grabstein der Menschheit wird. Ein schlichter Geist könnte also auf die Idee kommen, daß es als erste Vorkehrung genügen sollte, den Profit der Brillantenhändler zu beschneiden oder gar unmöglich zu machen. Atomenergie, Kernwaffen, Gentechnologie und viele andere

* Als ich an der Wiener Universität Chemie studierte, bekamen wir in den Kolloquien viele bedeutende Forscher zu hören und zu sehen. Dabei wurde auch mit unseren Lehrern der wissenschaftliche Marktwert der Vortragenden besprochen, und Otto Hahn galt als ein guter anorganischer Chemiker mittlerer Größe.

Segnungen der Naturwissenschaften füllen gewiß die Taschen zahlreicher Großerzeuger und Zwischenhändler, und ein bißchen davon fällt auch für die geistigen Urheber ab. Diese Vorstellung ist aber falsch, und die Lage ist nicht so einfach, wie sie dem Naiven erscheinen mag. Auch ohne Motiv eines direkten Profits geht es in den kommunistischen Ländern nicht anders zu. Die Lawine der Forschung, der Verwertung und des Mißbrauchs kennt keine Ideologien. Sie rollt, im Winde des entropischen Imperativs, unaufhaltsam rollt sie.

X

Da ruft aber jemand aus der Zuhörerschaft: »Was für ein abscheulicher Fatalismus! Nichts auf der Welt ist unaufhaltsam.« »Doch, eines«, erwidere ich, »aber davon wollen wir heute nicht reden.« Viel lieber von dem früher erwähnten Vorwurf gegen die Kritiker, sie wüßten nicht zu sagen, wie man es besser machen könne. Für einen bescheidenen Vorschlag, schon vor Jahren gemacht, habe ich allgemeinen Spott geerntet, nämlich für den Vorschlag einer, wenn es sein muß, einseitigen Abrüstung der übertriebenen Forschungsförderung durch die Völker. Daß es dazu nicht kommen kann, ist mir völlig klar. Wir werden durch Lobbies regiert, die es nicht zulassen, daß die Interessen der von ihnen Vertretenen auch nur im geringsten geschmälert werden. Aus Nächstenliebe dürfen es sich die Menschen nicht einfallen lassen, weniger Auto zu fahren; und wer gegen größere Mäuse ist, ist gegen die Krebsforschung, der es übrigens wahrscheinlich auch eher gelingen wird, größere Geschwülste zu erzeugen, als deren Bildung zu verhindern. Auch Kernkraftwerke, die sich, von allen andern Übeln abgesehen, zumindest in U.S.A. als ein enormer finanzieller Mißerfolg herausgestellt haben, wird es fernerhin geben müssen, denn, erstens, sind sie schon vorhanden, und was soll, zweitens, aus den Fabrikanten und Angestellten werden?

Ananke, die griechische Göttin der Notwendigkeit, ist laut

Mythologie die Mutter des Chaos gewesen. So ergeht es auch uns, die wahrhaft Sklaven dessen geworden sind, was auf neudeutsch Sachzwang heißt. Es ist eine seltsame Welt geworden: der Mensch denkt nicht, Gott lenkt nicht; alles läuft ab wie eine schiefgegangene chemische Reaktion, und jetzt wartet man auf die Explosion, auf die dank dem von mir heute gefeierten Datum so wahrscheinlich gewordene Explosion.

Kann es anders kommen? Natürlich. Es kann immer anders kommen. Selbst Kassandra kann im Falle des Nichtfunktionierens umgetauscht werden. Nirgendswo, auch nicht an dem fernsten Horizont, sehe ich jedoch den Menschen, dem ich das Entfindungsgenie zutraue, uns von den verheerenden Folgen unserer Erfindungen zu befreien. Dieser Entschluß muß gleichzeitig aus zahllosen Herzen kommen, aber selbst wenn sie laut genug schlagen, um das Surren der Raketen zu übertönen, anhalten werden sie diese nicht. Ein wahrer Halt würde eine ungeahnte Umwälzung erfordern, eine Revolution, die weder politisch noch sozial zu nennen wäre, sondern gleichkäme einem riesenhaften befreienden Erbrechen der Menschheit, worin mit der Galle auch der Haß ausgespien würde, mit der Furcht vor dem Tode auch die Furcht vor dem Leben.

8. Über einige Worte von Karl Philipp Moritz

I

Im Jahre 1787 erschien in Berlin ein kleines Buch (116 Seiten), das den Titel trug: *Fragmente aus dem Tagebuche eines Geistersehers. Von dem Verfasser Anton Reisers.* Der Verfasser war also Karl Philipp Moritz. In diesem Buch sind mir einige Sätze aufgefallen. Das Zitat ist vielleicht ein bißchen lang, aber es lohnt sich.

> Sind die Menschen von der Natur abgewichen; wann sind sie denn davon abgewichen? als sie Häuser oder als sie Schiffe erbauten; als sie die Schrift oder als sie die Mahlerei und Musik erfanden? Wo waren die Grenzen ihrer Bestrebungen von der Natur gesetzt?
>
> Recht und gut, kann ich doch unmöglich das alles heißen, was unter den Menschen vorgeht. – Da nun allen übrigen Dingen die Natur eine Norm, ein Gleis vorgeschrieben hat, woraus sie nicht weichen dürfen, warum hat sie denn dem Menschen nicht auch eine solche Norm, ein solches Gleis vorgeschrieben, aus welchem er zwar weichen kann, aber doch lebhaft empfindet, daß er eigentlich nicht daraus weichen sollte?
>
> Warum empfand der, welcher das erste Eisen schmiedete, das einst Menschen tödten sollte, nicht einen geheimen Schauder, der ihn warnte, diss gefährliche Werkzeug zu vollenden?
>
> Können wohl die Erfindungen des menschlichen Geschlechts, die zu seinem eignen Verderben gereichen, ihm zur Last gelegt werden, gleichsam als wenn es sich zusammengenommen beredet hätte, diese Erfindungen zu machen? Die Erfindungen sind unschuldig, denn sie sind von einzelnen, welche keinen Überblick des Ganzen hatten, und ihrem Thätigkeitstriebe folgten. –

Allein hier ist wieder die Frage: wie weit sollten sie ihrem Thätigkeitstriebe folgen? Gab es bei diesen einzelnen Menschen, die Erfinder waren, nie Grenzen ihrer Bestrebungen, die sie nach einem gewissen natürlichen Gefühl nicht hätten überschreiten sollen?

Sobald das Eisen geschmiedet war, konnte es zum Pflugschar oder zum Schwerdt gebraucht werden.

Das was zugleich nützlich und schädlich seyn konnte, war nun da.

Vorher fand keine Wahl statt; jetzt mußte der Mensch zwischen dem Guten und Bösen, zwischen dem rechten und unrechten Gebrauch des einmal erfundenen wählen, und er bestand nicht in der Probe.[1]

Als ich vor einigen Jahren über die Grenzen der Naturwissenschaften nachdachte [2], kannte ich noch nicht das Buch, dem dieses Stück entnommen ist. Es ist ein bemerkenswerter, ein schöner Text, eine Symphonie von Fragen: acht Fragezeichen. In den letzten drei Absätzen hören die Fragen auf, aber Antworten enthalten diese auch nicht. An wen sind die Fragen gerichtet? An Gott? An die Vorsehung? Nein, sie sind an uns alle gerichtet und an jeden einzelnen. Für alle kann ich nicht sprechen; die meisten zucken mit den Achseln und gehen weiter; ich aber bleibe stehen. Eigentlich sind nur die Fragen, auf die es keine Antwort gibt, einer Antwort wert.

Eine Antwort, die bei der Hand liegt, will ich nicht gelten lassen. Jemand könnte sagen: die Wühlmaus wühlt, die Schwalbe baut ihr Nest, weil die Natur es so eingerichtet hat. Auch sie mußten es, in Jahrtausenden der Entwicklung, lernen. Und im Zuge der gleichen Einrichtung, evolutionsgetrieben wie jedes Lebewesen, aber lernbegieriger als jedes andere, war es dem Menschen beschieden, das Automobil zu erfinden, die Rechenmaschine, den Automaten, die künstlichen Gifte, die genetische Manipulation, die Kernspaltung, den Krieg. Das sind alles tautologische Winkelpfade, die nirgendswohin führen, faule Ausreden, nur um weiterlaufen zu dürfen, ohne stehnzubleiben. Hätte Hegel auch nur einmal in der New Yorker Subway fahren müssen, so hätte er gemerkt, daß es Zeiten gibt, in denen der Weltgeist sich aufgibt, weil nichts was ist, vernünftig ist.

Mit einer andern naheliegenden Antwort, die er von jedem wahrhaft Gläubigen hätte empfangen können, scheint Moritz nicht gerechnet zu haben; daß nämlich das unlösbare Dilemma, mit dem der Mensch lebt und stirbt, durch die Erbsünde in die Welt gekommen ist. Ohne Hunger, ohne Tod kein Mord; ohne Wißbegierde und Begehrlichkeit kein Böses. Figuren der Ewigkeit, bedürfnislose Ornamente im Garten eines anspruchslosen Gottes hätten alle Geschöpfe unwandelbar eine unveränderliche Welt geziert. Ein derartiger Hinweis auf die ursprüngliche rührende Pflanzenunschuld alles Geschaffenen hätte wahrscheinlich wenig Eindruck gemacht auf Moritz, der – Kind einer klassisierenden Aufklärung, aber schon von den Winden der Romantik angeweht – vielleicht erwidert hätte, er habe all das bereits in Rechnung gezogen; die Menschheit sei lange Zeit auch mit der Erbsünde ganz gut ausgekommen. Worauf ich, wäre ich beigezogen worden, darauf hingewiesen hätte, daß Kain den Abel auch ohne Atomwaffe ganz schön erschlagen habe.

II

Der Teufel, den Moritz wohlweislich aus seinem Szenarium ausgelassen hat, ist aber der Meister der kleinen Schritte; eine Gabe, die er uns hinterlassen hat, als er sich zurückzog. Je größer der einzelne Schritt, desto leichter ist er zurückzunehmen: Revolutionen stumpfen sich schon nach fünfzig Jahren ab. Aber die kleinen Schritte! »Ta, Ta, Ta!« macht Leporello den Tritt des Komturs nach, und schon ist die schöne Oper zu Ende. Die kleinen Schritte sind geräuschlos, sie machen nicht Ta, Ta, Ta; tausende davon bewirken kaum eine fühlbare Ortsveränderung; und doch sind sie seit Urzeiten in ein und dieselbe Richtung gegangen, welche die Rechtgläubigen als Fortschritt begrüßen, während eine winzige Minderheit sie als den Weg zum Maximum moralischer Entropie beklagt.

Nach dieser kurzen, aber notwendigen Einschiebung will ich zu meinem Text zurück. In seinem ersten Absatz unterscheidet Moritz anscheinend zwischen Natur und Mensch. Natur ist für ihn also die Welt minus den Menschen; etwas, was ein eingetragenes Mitglied einer Naturwissenschaft eigentlich nicht gerne zuläßt. Denn jeder Biologe oder Biochemiker sieht es als selbstverständlich an, daß er Naturforscher bleibt, wenn er den Menschen erforscht. Für mich jedenfalls sitzt der Mensch in der gleichen Schulklasse wie, sagen wir, die Lerche oder der Maulwurf; allerdings ist er kein Vorzugsschüler.

Ich glaube daher nicht, daß die Menschen von der Natur abgewichen sind, als sie Häuser – ihre Art von Nestern oder Höhlen – bauten oder als sie die Kunst erfanden. Mit der Schrift, und noch mehr mit der Sprache, steht es anders. Denn die Natur ist bei ewiger Erinnerung auf ewiges Vergessen eingerichtet. Ein jedes fängt von neuem an, nur geleitet von der rätselhaften Gabe, die wir Instinkt nennen. Mit der Sprache, der Schrift und viel später mit dem Buchdruck hat die Menschheit eine Naturgrenze durchbrochen, alle andern Lebewesen jenseits der Scheide zurücklassend. Wer sich gerne in Naturmythologie verwickelt, könnte hier noch vieles sagen, aber das liegt mir nicht.

Was ich jedoch betonen möchte, ist, wie unverwandt anthropozentrisch unser Nachdenken über solche Fragen sein muß. Das ist eine Fessel, die der Denker oder Forscher nie los wird. Sein ganzes Bestreben ist auf eine winzige Minderheit des Lebendigen gerichtet, auf ein einziges Bläschen in dem riesenhaften Schaum, der atmend, geboren werdend und sterbend die Oberfläche der Erde überzieht. Aus diesem Bläschen kann auch der Forscher nicht hinaus. Von dem Rest der Natur muß man also still sein, wenn man über die Menschen meditiert. Insofern hat Moritz recht, wenn er von einer Abweichung spricht. Vielleicht hat die Menschheit ein schlechtes Geschäft gemacht, als sie die herrliche Fähigkeit des Instinktes gegen die ihr noch herrlicher erscheinende Gabe des Gewissens eintauschte, denn mit der Zeit scheint sich dieses verflüchtigt zu haben. Während es wenig Sinn hat zu sagen, »der Geier ist gut« oder »der Geier ist böse«, ließe sich der Satz »der Mensch ist schlecht« ohneweiters diskutieren: er ist zum Feind der Natur geworden.

Was weiß ich von der Ameise? Ob sie denkt, wie sie denkt, was ihre Art von Informationsaustausch ist, ob sie den Tod zur Kenntnis nimmt? Auch der Biologe, der Psychologe, der Soziologe, der die Ameise studiert, tut dies qua Mensch. Was er herausbekommt, ist für die Natur wertlos. Die Natur ist keine Summe, sie ist ein Ganzes; schon der erste Schritt zu ihrer Erforschung zerbricht die Einheit. Wir sind auf Reden eingestellt; mit der Natur kann man nicht reden. Wir machen, indem wir die Natur erforschen, eine künstliche Natur; die einzige, in der wir uns zu Hause fühlen. Es ist eine völlig und schamlos anthropomorphische Natur.

Wenn auch ihre Bilanz, in Äonen gerechnet, leicht negativ ist, ist die Natur im Gleichgewicht, so wie das Lebendige im Zustand der Homöostase. Nur kann ich mir kein Gleichgewicht vorstellen, ohne eine gleichsam vorprogrammierte Störkraft. Man könnte sagen, daß der Mensch gegenüber dem Rest der Natur diese Rolle des Störenfrieds spielt; aber in den letzten zweihundert Jahren hat er begonnen, seine Rolle zu übertreiben; er »chargiert«, wie man im Theater zu sagen pflegte.

III

Moritz (1756–1793) erlebte gerade den schüchternen Anfang der Epoche, in welcher der Frevel an der Natur zu wachsen begann. Hier ist nicht der Platz, diesen bemerkenswerten, so jung verstorbenen Mann zu würdigen. Bis vor kurzem figurierte er in der Geschichte hauptsächlich als Goethes Freund während dessen italienischer Reise. Ich denke jedoch, das ist sein geringstes Verdienst. Seine Reputation litt unter der allgemeinen Misere der deutschen Literatur, daß sie nie, auch nicht in ihren besten Zeiten, die Art von Publikum besessen hat, auf das in zivilisierteren Ländern – Frankreich, England, Italien – Dichter und Schriftsteller rechnen konnten. Hätten andere Nationen einen Roman wie *Anton Reiser*, wieviel Lärm wäre damit gemacht worden! In Deutschland dauerte es, glaube ich, hundert Jahre, bevor dieses Buch wieder aufgelegt wurde. Die Breite der Interessen dieses edlen Mannes – man lese seine Briefe an Jean Paul, dessen Entdecker er war – ist kaum zu glauben, und er schrieb keine Seite, die nicht etwas Originelles enthielt. Es paßt zu dem, was ich hier gesagt habe, daß eine halbwegs anständige Ausgabe seiner Schriften erst vor kurzem, 188 Jahre nach seinem Tode, erschienen ist.[3]* In der Literatur der Gegenwart kenne ich nur einen Mann, Walter Benjamin, der mich in der Ausbreitung seines Interessenkreises an Karl Philipp Moritz erinnert.

Die ethischen Fragen – oder sind es metaphysische? –, die Moritz in dem am Anfang abgedruckten Text stellt, werden verschieden zu beantworten sein, je nach der Weltanschauung dessen, der die Antwort gibt. Für den eingefleischten Naturforscher oder Techniker ergibt sich überhaupt kein Problem. Die Welt ist, wie sie ist, und sie ist zum Bessermachen da. Der Mensch ist das Tier, das seine Evolution zu immer höherer Vollendung in die eigenen Hände genommen hat. Alles wird größer, alles wird besser; was wir heute nicht können, werden wir morgen können, oder vielleicht schon heute abend. Wenn es nur den lästigen Tod nicht gäbe; aber auch der wird immer mehr in die Ferne geschoben, und schließlich werden wir ihn ganz beseitigen: man muß nur die Geratogene, die Gene des Alterns, identifizieren, inhibieren oder eliminieren.** Was

* Daß ich das lange Zitat am Anfang nicht der Neuausgabe entnehme, sondern dem Originaldruck, rührt daher, daß jene den Text in »normalisierter« Orthographie und Interpunktion wiedergibt. Ich ziehe die ursprüngliche, unverdudente Sprache vor.

** Ich möchte nicht den Eindruck vermitteln, daß ich an die Existenz von »Geratogenen« oder gar von »Thanatogenen« glaube; also daß das Altaus einer Welt wird, in der niemand stirbt, das geht uns nichts an; die Wissenschaft ist wertfrei, oder wie Moritz es gesagt hat, »die Erfindungen sind unschuldig«. Sind sie es?

Ich habe den Verdacht, daß Moritz zwischen Entdeckungen und Erfindungen nicht unterschieden hat. Wenn man es genau nimmt, so ist eine Entdeckung die Sichtbarmachung einer vorher nicht bekannten, jedoch bestehenden Tatsache, während eine Erfindung die Hinzufügung einer neuen Tatsache ist. Eine Entdeckung enthüllt die Natur, eine Erfindung »bereichert« sie. Als Parabel gesagt: der Entdecker beobachtete, daß ein kugelförmiger Stein auf einer Fläche leichter zu bewegen ist als ein eckiger; der Erfinder konstruierte daraufhin das Rad. (Ich muß mich für die Naivität dieser Vorstellung entschuldigen. Wahrscheinlich ist es ganz anders gewesen; vielleicht war es ein Apfel vom Baum der Erkenntnis, dessen Beweglichkeit Adam feststellte, worauf Eva das Rad erfand.) Jedenfalls wird man bemerken, daß, wenn es einen Komparativ von »unschuldig« gibt, die Entdeckung unschuldiger war als die Erfindung. Wahrheiten sind harmlos, solang man nichts mit ihnen anfängt. Dann erst beginnen die Konsequenzen moralischer und materieller Art, dann erst scheiden sich die Menschen in Nutznießer und Opfer. Der erste Mensch, der von einem Wagen überfahren wurde, sah auf ihn mit andern Augen als der Kutscher auf dem Bock.

Viele der von Moritz aufgezählten Schwierigkeiten kommen von dem der menschlichen Spezies innewohnenden Drang zur Bessermacherei. Die Idee vom Fortschritt hätte ein Tier nicht ersinnen können. Allerdings war das eine recht spät aufgekommene Idee. Nach den Notwendigkeiten des Lebens be-

---

werden oder der Tod des Organismus in seiner DNA programmiert ist. Dennoch fürchte ich, daß es auch diese geben wird, wenn der Zustrom zu den Reihen der Molekularbiologen und die krampfhafte Suche nach neuen, aufregenden Forschungsthemen weiter anwachsen. Es wird immer schwerer zu unterscheiden zwischen der Erschließung neuer »Wirklichkeiten« und dem Bedürfnis nach Daueranstellung.

fragt, hätte ein Eremit aus der Thebais gewiß eine andere Antwort gegeben als der Kaiser Diokletian, und diese Antworten wären verschieden gewesen davon, was man jetzt zu hören bekäme, wenn man den Präsidenten einer der großen amerikanischen Korporationen befragte und, sagen wir, einen Obdachlosen in New York. Vielleicht würde im zweiten Fall der Unterschied zwischen den Antworten gar nicht groß sein, denn mit den Jahrhunderten hat sich das Leben der Menschen zwar enorm kompliziert, aber sie selbst werden eher primitiver.

IV

Der geheime Schauder, den Moritz an dem vermißte, der zuerst das Eisen zu einer tödlichen Waffe schmiedete, war wahrscheinlich vorhanden, aber es war ein angenehmer Schauder, ein Frösteln des Wohlbehagens, denn jetzt hatte er einen längern Arm als der Gegner. Die Fälle, in denen das Gewissen die Menschen von Schandtaten abhält, sind erstaunlich selten. Wie ich die Menschen kenne, haben sie wahrscheinlich zuerst die Waffe geschmiedet und nachher den Pflug, wie es in unseren Zeiten mit der Atombombe gewesen ist. Nur war der Pflug, im Gegensatz zum Kernreaktor, nicht lebensgefährlich.

Man sagt mir, daß die Menschen sich in Hunderttausenden von Jahren nicht verändert haben. Mag sein; ich weiß es nicht, ich war nicht da. Aber was heißt, »die Menschen«? Besteht denn ein Anlaß zu sagen, daß »die Menschen« die Verhältnisse geschaffen haben, in denen sie leben? Oder sind diese im Wechsel der Zeiten an sie herangeweht, wie Äolus die Winde auf sie losläßt? Die Wissenschaften, die sich mit solchen Dingen befassen, erklären nur, was sie nicht verstehen; und diese Erklärungen sind denselben Moden unterworfen, die das Leben der Menschen regieren. Was aber die Wahrheit ist, das wissen wir nicht. (Viel eher wußte Albrecht Dürer, was die Schönheit ist.)

Wenn Moritz von der Norm, dem Gleis spricht, von denen

die Geschöpfe der Natur nicht abweichen dürfen, tut er das ganz im Sinne der deutschen Klassik, die das antike Prinzip der Mäßigung guthieß. Was er nicht klar ausspricht, ist, daß Tiere und Pflanzen, wenn sie diese Norm mißachten, sich zum Tode verurteilen, während der Mensch das einzige Lebewesen ist, das scheinbar ungestraft die Schranken überschreiten kann, wozu eben seine »Erfindungen« dienen. Diese seien jedoch unschuldig, denn der einzelne, der sie gemacht hat, folge ohne Überblick über das Ganze lediglich seinem Tätigkeitstriebe. Aber wenn Moritz den Begriff der Schuld einführt, hätte er sich vielleicht fragen sollen, ob nicht schon in diesem Triebe selbst die Schuld liege. Seine Zeit war jedoch so wenig unmäßig – das Buch wurde einige Jahre vor der Französischen Revolution geschrieben –, daß dieser Gedanke sich ihm nicht in seiner ganzen Schärfe abzeichnete. Wenn er dann in den folgenden Zeilen die Frage der Grenzen aufwirft, die selbst dem Erfinder gesetzt sind, und vor deren Überschreitung ihn ein »gewisses natürliches Gefühl« zurückhalten sollte, so erinnerte mich das aufs lebhafteste daran, was ich im *Feuer des Heraklit* über die Grenzüberschreitungen, die in unserer Zeit vorgekommen sind, geschrieben habe. Diese wahrhaften Sakrilegien – die Mißhandlung des Atomkerns, des Zellkerns – waren keine kleinen Schritte mehr, wie sie in frühern Zeiten unmerklich vor sich gingen, sondern Riesensprünge, aber von einer Art, die nicht zurückgenommen werden kann. Ich denke, man kann sagen, daß Moritz, als er seine Warnung aussprach, das Ärgste nicht erlebt hatte.

V

Im Jahre 1793, in Moritz' Todesjahr, schrieb Condorcet ein einflußreiches Buch. Dieses wurde unter den denkbar schlechtesten Bedingungen verfaßt: der bedeutende Mathematiker und Philosoph mußte sich vor den Häschern des Terrors versteckt halten, denen er ein Jahr später zum Opfer fiel. Das

Buch, 1795 veröffentlicht, trug den umständlichen Titel *Entwurf eines historischen Überblicks über die Fortschritte des menschlichen Geistes.* Auf eine frühere Untersuchung von Turgot gegründet, ist es die grundlegende Formulierung des Fortschrittsgedankens, worin sich der Glaube der *Encyclopédie* an die immer größer werdende Rationalität der Menschheit und an den sichern Weg in eine bessere Zukunft abspiegelten. Neun Epochen der Weltgeschichte seien verklungen und die zehnte und endgültige dämmere heran. Sie ist gekennzeichnet durch »die Beseitigung der Ungleichheit zwischen den Nationen, den Fortschritt der Gleichheit innerhalb eines Volkes und letztendlich die wahre Vervollkommnung des Menschen.«

Jetzt sind weitere zwei Jahrhunderte vorbei, und wir warten noch immer. Die motorisierten Neandertaler, die mir begegnen, sind noch weit weg von der Vervollkommnung, vielleicht weiter, als ihre Vorgänger es zur Zeit Condorcets waren. Möglicherweise haben sich die Bienen, die sich um den Fortschritt nicht scheren, weniger verschlechtert, wenn nur die gräßlichen Herbizide nicht wären. Dabei hat Condorcet, eine der Leuchten der Wahrscheinlichkeitsrechnung, es besser gewußt als ich, daß was für alle gilt selten auf den einzelnen zutrifft. Die Vervollkommnung der Menschheit ist ein sinnloser Begriff, für die des Menschen gibt es wenige Anhaltspunkte. Inwiefern Moritz an das Fortschrittsideal, das in der Luft des 18. Jahrhunderts lag, geglaubt hat, weiß ich nicht. Mir scheint, daß er sich immer an den einzelnen richtete, denn das Gewissen oder das Schuldgefühl ist keine Gemeinschaftsunternehmung.

Entgegen manchen Vorwürfen, die man mir gemacht hat, bin ich kein Feind des Fortschritts; ich leugne nur, daß es ihn gibt. Zumindest gibt es ihn nicht in der globalen Form, *Excelsior!*, in der er einem gewöhnlich als schamloses Losungswort begegnet. Manches ist besser geworden und dann wieder schlechter; manches Schlechte ist besser geworden und besser geblieben; anderes wieder hat sich absolut verschlechtert, z. B. die Luft, die wir atmen. In manchen Ländern ist die Freiheit des einzelnen jetzt größer als in der Vergangenheit, von andern gilt das Umgekehrte. Leibeigenschaft und Fronarbeit haben ihr Gesicht verändert, vielleicht mehr im Namen als in der Substanz; die Lage der Bauern hat sich in manchen Nationen so sehr verbessert, daß es überhaupt keine mehr gibt. Aber die Arbeitslosigkeit ist auch eine Form der Sklaverei, und diese ist jetzt sehr groß. Überhaupt gehört in unsern Breiten zur Freiheit mehr Geld als die meisten haben. Und wenn sie es haben, kaufen sie sich eine Maschine, die sie dann ausbeutet.

Die Summe des Leides ist wahrscheinlich konstant geblieben, aber der menschliche Trost, es fühlen zu können, ist abgestumpft worden. Sind die Blattern ausgerottet worden, so sind viele neue geheimnisvolle Krankheiten dazugekommen, denn wenn es mehr Ärzte gibt, muß es mehr Kranke geben. Das ist ein Erfordernis des ökonomischen Gleichgewichts. Genauso wie es mehr Naturgesetze geben muß, wenn die Zahl der Forscher wächst.*

VI

Was ich hier geschrieben habe, mag mir den Einwand einbringen, daß das Ideal des menschlichen Fortschritts wenig zu tun habe damit, was Moritz in den zitierten Sätzen gemeint hat. Ich glaube nicht, daß dieser Einwand berechtigt ist, denn der Fortschrittsgedanke ist zur Falle geworden für jegliche Regung des Gewissens und des Verantwortungsbewußtseins. Und es war ja gerade die stille Mahnung an das Gewissen, die mich den Worten des Anfangs zu lauschen bewogen hat. Uralte, nie beantwortete Fragen ruft Moritz in diesen Sätzen wieder herauf und will nicht erkennen, daß wir ohne partiell durchsichtige Scheuklappen überhaupt nicht existieren können. Er postuliert ein ideales absolutes Gewissen, das, wenn es vorhanden gewesen wäre, die Menschen hätte veranlassen müssen, in

* Über den Fortschritt in den Wissenschaften habe ich an anderer Stelle geschrieben.[4]

einem Urzustand zu verharren, den wir gar nicht beschreiben können. Streng angesehen, ist jeder Schritt ein Fehlschritt; die Harmonie der Natur ist grausam gegen jedes ihrer lebendigen Mitglieder, denn ein jedes lebt vom andern. Nur die Pflanzen bilden eine Ausnahme, sie könnten in einer schuldlosen Welt bestehen.

Was Moritz in seinen Worten nicht in Betracht gezogen hat, war, daß der Teufel der Meister der kleinen Schritte ist. Jede Entdeckung, jede Erfindung besteht aus einer langen Reihenfolge winziger Schritte. Der Entdecker oder der Erfinder werden geehrt, verflucht oder beides; aber meistens war es nur der letzte Schritt, den sie vollbrachten. Bis fast in unsere Zeit hinein waren diese kleinen Schritte auch sehr langsam, und es bedurfte vieler Jahrzehnte, ja sogar Jahrhunderte, bis sie das Ziel erreichten. Häufig war das Ziel nur ein Pseudoziel: man blieb ermüdet stehen und sagte »Jetzt ist genug«. Erst in den letzten vierzig oder fünfzig Jahren hat sich etwas Rätselhaftes ereignet: obwohl die Schritte ebenso klein und unmerklich geblieben sind wie vorher, wird auch das fernste Ziel im Nu erreicht. Meistens ist es ein scheußliches Ziel, und man würde was darum geben, wenn es noch ferner leuchtete als Orplid. Sechseinhalb Jahre zwischen Hahn und Hiroshima, und von der ersten DNA-Klitterung bis zu den Millionenumsätzen auf der Börse brauchte es noch weniger Zeit.

Was das Verschwinden dessen, was ich die kardanischen Kontrollen genannt habe, bewirkt hat, kann ich nicht sagen. Die Zeit, die menschliche Zeit ist uns ins Wanken geraten; oft können wir nicht entscheiden, ob wir die Geschehnisse mit der Zeitlupe oder dem Zeitraffer betrachten. Wenn Jahre wie ein Tag sind, werden Millionen von Jahren wie der Jüngste Tag. In dem Maße, wie das Leben des Menschen länger wird, wird sein Erleben kleiner als ein Stecknadelkopf. Das Erleiden wird durch das Zuschauen ersetzt; stumpf sitzen wir inmitten von Umwälzungen, die in früheren Zeiten noch etwas ganz anderes als Maschinenstürmer auf die Gasse gebracht hätten.

Für den Naturforscher ist der Mensch das grenzenlose Tier,

mit einer Software, die sich sehen lassen kann. Man versichert uns, das sei erst der Anfang; und wer im Wettlauf zwischen Mensch und Computer schließlich siegen werde, sei noch unentschieden. (Obwohl IBM bereits weiß, wie es ausgehen wird.) Vorläufig hat der Mensch noch den Vorzug, daß er keines Steckkontaktes bedarf; aber warten wir erst auf den Computer, Modell Dracula II, der seine Energiebedürfnisse anderweitig befriedigt!

»Warum empfand der, welcher das erste Eisen schmiedete, das einst Menschen tödten sollte, nicht einen geheimen Schauder, der ihn warnte, diss gefährliche Werkzeug zu vollenden?« Die Antwort ist leider: »weil er ein Mensch war«. Viele Forscher haben ihr Ziel nicht erreicht, sehr selten aber aus Gründen des Gewissens. Oft haben sie sich öffentlich an die Brust geschlagen und Asche auf ihr Haupt gestreut; privat haben sie aber geforscht wie die Wilden, und wenn sie einen Kollegen sahen, in der gleichen Uniform von Sack und Asche, haben sie gebrummt: »Saure Trauben!«

Es gibt keine Anzeichen dafür, daß der Mensch – sei er Kernphysiker oder Straßenkehrer – sich in seiner Natur in historischer Zeit verändert, geschweige denn verbessert hat. Man kann dem Naturforscher ebensowenig Ethik beibringen wie dem General. Giftgase und Heilmittel entstammen der gleichen ehrlichen Forschung. Nur sind alle Methoden komplizierter und brutaler geworden. Solang es Kriege und Morde gibt, solang in Kirchen, Moscheen und Tempeln für den »Sieg unserer Sache« gebetet wird, habe ich wenig Lust über die Perfektibilität der Menschen nachzudenken. Die Perfektiblen sind ohnedies schon perfekt und brauchen nicht auf die Erfolge genetischer Schmierage zu warten.

VII

Dennoch haben große Leute nie aufgehört, an die Möglichkeit der Vervollkommnung des Menschen zu glauben. Im deutschen Bereich begann es schon mit Leibniz, der im *Système nouveau de la nature* schreibt »Alles strebt zur Perfektion«, oder Lessing, der die »Erziehung des Menschengeschlechts« als Wechsel auf die Zukunft präsentiert. Herder leitet amüsanterweise die Vervollkommnungsfähigkeit des Menschen von der des Affen ab, dessen Fortschritt zu einer beachtlichen Höhe der Perfektion er im Vierten Buch seiner *Ideen* wie folgt beschreibt [5]:

> Die Affen, die Battel beschrieben, gehen in Gesellschaft aus, bewaffnen sich mit Prügeln und verjagen den Elefanten aus ihren Bezirken; sie greifen Neger an und setzen sich um ihr Feuer, haben aber nicht den Verstand, es zu unterhalten.

Herder war aber kein Allerweltsoptimist. Die Möglichkeit körperlicher und geistiger Vervollkommnung hielt er für gegeben; was aber die moralische Erhöhung betrifft – und auf diese kommt es an, wenn man die von Moritz gestellten Fragen beantworten will –, da hatte er große Bedenken. An verschiedenen Stellen seiner *Humanitätsbriefe* kommt er darauf zu sprechen.

> Was heißt Vervollkommnung? Heißt's Vermehrung der Kräfte? Diese bleiben und wirken in ihrem von der Natur gegebenen Kreise. Oder wäre es Vermehrung der Mittel, der Werkzeuge zum Gebrauch? Diese können immer nur nach und von vorhandenen Kräften gebraucht werden, und da der Mensch ein moralisches Wesen ist, so entsteht die Frage: ob sie *gut* gebraucht werden? Denn in den Händen des Bösewichts tragen vermehrte Mittel, verbesserte Werkzeuge nur zu größerem Unglück und Übel bei. Also verändert sich die Frage dahin: Wird das menschliche Geschlecht *besser?* besser in Neigungen? besser in Grundsätzen? [6]

Zur Zeit Herders war also der Mensch noch ein moralisches Wesen. Jetzt widmet er sich eher der Untersuchung der Frage, wie man Raumstationen als Stützpunkte für Atomwaffen verwenden kann. In seinen weiteren Ausführungen leugnet Herder, daß irgendwelche Anzeichen einer fortschreitenden moralischen Verbesserung der Menschen bestehen. Er schildert die politischen, sozialen und moralischen Mißstände, wie sie sich ihm bei der Betrachtung seiner Gegenwart aufdrängen, und fährt fort:

> Da wirft nun einer die Schuld auf den andern, die Untern auf die Obern, diese auf jene, und sehen nicht ein, daß sie *allzumal Sünder sind, die des Ruhms einer Vollkommenheit* nicht nur ermangeln, sondern, wenn nicht ein Gott zu Hülfe kommt und die Menschennatur neu schaffet, dieses Ruhms auch immer ermangeln werden.
>
> Indessen rückt freilich das menschliche Geschlecht chronologisch fort, und es ist nichts natürlicher, als daß dies *Fortgang* heiße. Ist's aber Fortgang der Asymptote, die sich der Vollkommenheit ins Unendliche hin nähert, ohne sie je zu erreichen? oder ist's die Bahn einer Ellipse um den leider sehr weit entfernten Mittelpunkt der Wahrheit und Güte mit wechselnden Perihelien und Aphelien? Das letzte dünkt mich der großen Analogie der Natur sowohl als der Geschichte des Menschengeschlechts gemäßer zu sein, da das erste eigentlich gar kein Ähnliches in der sichtbaren Natur haben möchte.[6]

Das sind ehrliche, gedankenvolle Worte. Nur das mit der Ellipse will mir nicht ganz eingehen. Es erinnert mich zu sehr an den Abendlandspengler, aber Herder arbeitet nicht mit Blech. Das *panta rhei,* der ewige Wandel in seinem Wellengang braucht überhaupt keine voraussagbare Form zu haben, weder Asymptote noch Perihel, noch Aphel. *Deus super geometricos.*

Der weise Goethe war für das Ganze noch weniger zu haben. So schreibt er am 17. Mai 1787 in einem Brief an Herder: »Ich bin freilich, wie Du sagtst, mit meiner Vorstellung sehr ans Gegenwärtige geheftet, und je mehr ich die Welt sehe, desto weniger kann ich hoffen, daß die Menschheit je *eine* weise, kluge, glückliche Masse werden könne«[7]. Oder der dunkle Ausspruch, den Jean Paul in einem Brief an seinen Freund Ch. Otto (2. Oktober 1798) wiedergibt: »Mit Goethe stritt ich für Deinen Satz der Weltfortschreitung – ›Umschreitung müssen wir sagen‹, sagte er.«[8]

VIII

Den meisten, die darüber nachgedacht haben, ist es schon seit langem klargeworden, daß der im allgemeinen gültige Satz »Nichts steht still« nicht mit »Alles wird besser« übersetzt werden kann, sondern mit »Alles verändert sich«. Der gegenteilige Satz »Alles wird schlechter« ist nur Propheten mit Ewigkeitsrafferaugen zugänglich, in deren Kalender der Jüngste Tag mit dem morgigen Datum verzeichnet ist. Auf dem Wege der Induktion ist eine Entscheidung unmöglich; auf deduktivem Wege wird jeder einzelne je nach Weltanschauung, Temperament und Erfahrung zu einem Schlusse kommen, der nur für ihn gilt.

Die Welt- und Lebenserfahrung des einzelnen kann bestenfalls nur auf ein paar Jahrzehnte zurückblicken. Was mich selbst betrifft, so habe ich den Eindruck, daß in meinen Lebzeiten in den sogenannten zivilisierten Ländern die Bestialität enorm zugenommen hat. (Für das Wort »Bestialität« muß man sich natürlich bei den Tieren entschuldigen, aber so sind eben die Sprachen.) Die Naturnähe, der Naturgehorsam, welche gemäß den Worten des Moritz die Menschen in ihrem Gleis hätten halten sollen, sind sicherlich verschwunden; vielleicht hätte man sie noch vor dreihundert Jahren bei den Indianern Nordamerikas beobachten können. Die Naturforschung erforscht nicht die Natur, sie sprengt sie; die Technik bereichert nicht die Natur, sie ersetzt sie. Seit Jahrhunderten wirken alle zivilisatorischen Bestrebungen dahin, daß das Band zwischen Menschen und Natur gelöst werde.

Das menschliche Denken und Handeln ist immer ein Dialog; der Partner kann ein Engel oder ein Teufel sein, manchmal ist er nur ein Esel. Der Tätigkeitstrieb des Menschen ist zugleich ein Segen und ein Fluch. Ohne ihn wären die großen Werke, die vielen ein Trost sind, nicht geschaffen worden. Allerdings verdammen manche Religionen und Philosophien des Ostens diesen Drang zur Tätigkeit; aber auch sie konnten nur wirken, indem sie ihre eigenen Gebote mißachteten, sonst wüßten wir nichts von ihnen. Es gibt also keinen Ausweg aus dem Labyrinth, in das wir geboren sind, nur ein linderndes Mittel: die Mäßigung, die Langsamkeit. Selbst der Fortschritt ist erträglich, wenn er mit der Faulheit gepaart ist.

Es ist seltsam, wie wenig man von den Zensoren weiß, die den Tätigkeitstrieb des Menschen überwachen. Manchmal kommt einer vor, der sich für eine einzige Sache geeignet weiß; und wenn er dann diese nicht gut genug ausführt, wird es die Tragödie seines Lebens. Viele Menschen sind in der Lage, sehr verschiedene Dinge zu tun, und auf welchen Weg sie schließlich gesandt werden, ist rational nicht auslegbar. Nur sehr, sehr wenige sind für eine einzige Aufgabe geboren, die sie dann auch ausführen. Der den ersten Pflug schmiedete, sagte sich vielleicht nicht einmal »Jetzt mach' ich einen Pflug«. Wie konnte er da den geheimen Schauder empfinden, der ihn vor der Gefährlichkeit seiner Handlung gewarnt hätte? Es ist ja so, daß der eine tut, der andere anwendet und erst der dritte verkauft. Schon der Taoismus hat gewußt, daß es das Tun ist, welches das Unheil bewirkt. Aber der einzelne Mensch ist in den Schraubstock seiner Bedürfnisse geklemmt; und wie kann er das Tun vermeiden? Wer seinem Nächsten helfen will, muß es ihm möglich machen, einen freien Raum – einen halb äußern, halb innern Raum – um sich zu schaffen, der ihn vor dem häßlichen Lärm und dem grausamen Drang der Menschenwelt schirmt. Das mag darauf hinauslaufen, daß man möglichst wenig tut. Ein neuer Erasmus sollte vielleicht das Lob der Faulheit schreiben. Eigentlich hat das Gontscharow schon mit tragischer Intensität zustandegebracht, obwohl im Falle seines Helden Oblomow die Unterscheidung zwischen Nichttun und Nichts-tun oft nicht leicht ist.

IX

Was ich gerade jetzt geschrieben habe, widerspricht allen Tendenzen der Gegenwart. Wenn es nach mir ginge, würde die Bezeichnung »Entwicklungsländer« abgeschafft werden, und ich würde sie in Ruh' lassen. Mögen sie uns als ein Negativ erscheinen, es liegt nicht an uns, sie zu entwickeln. Sollen sie alle werden wie Amerika? Der westliche Tatendrang, hauptsächlich ein Synonym für Habgier; die augentriefende Heuchelei der noch immer tätigen Kolonisatoren haben einen großen Teil der Erde ruiniert. Die zuerst religiöse, später ökonomische Proselytenmacherei geht unentwegt weiter. Nur ist es so, daß, wenn man in Washington und anderswo von Wirtschaftshilfe für die sogenannten unterentwickelten Nationen spricht, man früher Bibeln und Baumwollunterhosen meinte und jetzt Kampfflugzeuge. Auch das Gerede von der Dritten Welt ist eher dumm, es gibt nur eine oder unzählig viele.

Wenn ich nach längerer Exkursion zu den anfangs zitierten Sätzen von Karl Philipp Moritz zurückkehre, muß ich zugeben, daß sie zwar schön sind, aber eigentlich recht naiv. Natürlich stellt er Fragen, die man immer wieder stellen sollte; aber die Antwort wird stets dieselbe sein, nämlich, daß die Menschwerdung selbst und an sich eine Verletzung der Normen der Natur war. Rechnet man aber den Menschen zur Natur, so scheint mir, daß seine Funktion im Rahmen der Natur darin liegt, daß er ihr Gleichgewicht stört und auf diese Weise erprobt. Er ist die Ausnahme, die die Regel beweist. Und die Regel bleibt immer die gleiche: die Natur wird siegen; aber erst, wenn es keine Menschen mehr gibt. Der alte Satz, den wir im Gymnasium gelernt haben, ist nicht ungültig geworden: *Naturam expellas furca, tamen usque recurret* (Horaz, Epist. I, 10, 24). »Magst du auch die Natur mit der Heugabel austreiben, dennoch wird sie zurückkehren.« Daß die Austreibung der Natur jetzt anstatt mit einer Heugabel mit Atombomben geschehen soll, selbst das wird auf die unendlich lange Dauer wenig Unterschied machen.

Wenn ich unsere verwickelte Welt betrachte, diesen Knäuel unentwirrbarer gegenseitigen Abhängigkeiten, dieses ganz ohne Bauplan aufgeschossene Labyrinth, ist es mir oft widerfahren, daß ich an geraden Tagen der einen Meinung war und an ungeraden der entgegengesetzten. Ich habe mich oft dieser Wetterwendigkeit geschämt und mir durch Skepsis geholfen. Um so größer war meine Freude, als ich bei einem Denker von ganz andrem Kaliber ein ähnliches Schwanken entdeckte. Ich meine die beiden einander so widersprechenden Bemerkungen Ludwig Wittgensteins, die im sechsten Kapitel dieses Buches (S. 147 f.) bereits abgedruckt worden sind. Natürlich weiß ich nicht, ob von den zwei fast zur gleichen Zeit niedergeschriebenen Notizen die eine an einem geraden, die andere an einem ungeraden Tage aufgezeichnet wurden. Was mich an diesen Erwägungen des großen Philosophen so berührte, war die Redlichkeit, mit der er die beiden Waagschalen seiner Vorhersage belud. Glücklicherweise war es ihm nicht beschieden abzuwarten, welche der Schalen sich senken werde.

Eine durch Wissenschaft und Industrie geeinigte Welt, in der dann alles eher als der Friede wohnen wird, ist eine derart furchterregende Vorstellung, daß sogar ein Optimist sich für das in Wittgensteins erster Notiz heraufbeschworene Ende mit Schrecken entscheiden wird. Jedenfalls neige ich mehr und mehr zu dieser Vorhersage; mit andern Worten, alle meine Tage sind ungerade geworden. Dennoch glaube ich, daß der Lauf der Welt einen Sinn hat, wenn wir ihn auch nicht verstehen können. Selbst im 18. Jahrhundert, das mehr als irgend ein anderes von der Vernunft geleitet war, gab es Stimmen, die darauf hindeuteten. In einer längern Bemerkung (E 384, Leitzmann), aus der ich nur einen Satz zitiere, schreibt Lichtenberg: »Ich dencke immer, wir auf dieser Kugel dienen zu einem Zweck, dessen Erreichung eine Zusammenverschwörung des ganzen menschlichen Geschlechts nicht verhindern kan.« Das ist eher ein tröstlicher Gedanke, denn er sagt, daß sogar »die Zusammenverschwörung« der ganzen Menschheit – also die »durch Wissenschaft und Industrie geeinigte Welt« – den endgültigen

Zweck nicht abschaffen könne. Lichtenberg postuliert einen über die Menschenwelt erhobenen Beschluß, ohne zu sagen, wer ihn gefaßt habe. Wenn dem so ist, dann wird jeder Versuch, in das Räderwerk zu greifen, mit dem Abhacken der Hände bestraft werden. Vielleicht sind wir mitten in diesem Vorgang, und erkennen es nicht.

Anmerkungen

[1] K. Ph. Moritz, Andreas Hartknopf – Andreas Hartknopfs Predigerjahre – Fragmente aus dem Tagebuche eines Geistersehers (Hrsg. H. J. Schrimpf). S. 361 ff. des Nachdrucks, S. 53 ff. des Originals (Metzler, Stuttgart, 1968).

[2] E. Chargaff, Unbegreifliches Geheimnis, S. 70 ff. (Klett-Cotta, Stuttgart, 1980).

[3] K. Ph. Moritz, Werke, 3 Bände (Hrsg. H. Günther, Insel, Frankfurt/Main, 1981).

[4] E. Chargaff, Warnungstafeln, S. 110 ff. (Klett-Cotta, Stuttgart, 1982).

[5] J. G. Herder, Ideen zur Philosophie der Geschichte der Menschheit (Hrsg. H. Stolpe), 1. Bd., S. 115 (Aufbau-Verlag, Berlin und Weimar, 1965).

[6] J. G. Herder, Briefe zur Beförderung der Humanität (Hrsg. H. Stolpe, H.-J. Kruse und D. Simon), 2. Band, S. 357 (Aufbau-Verlag, Berlin und Weimar, 1971).

[7] Goethe, Italienische Reise, in Poetische Werke (Berliner Ausgabe), 14. Bd., S. 502 (Aufbau-Verlag, Berlin, 1961).

[8] Goethes Gespräche (Hrsg. F. Frhr. v. Biedermann und W. Herwig), 1. Bd., S. 702 (Artemis, Zürich und Stuttgart, 1965).

9. Wege machen Ziele – Bemerkungen über den Begriff der Methode in den Wissenschaften

I

Gerade während ich diese Zeilen schreibe, erscheint in der Pariser Tageszeitung *Le Monde* eine Reihe von kurzen Aufsätzen, in denen namhafte Wissenschafter und Schriftsteller einige von der Redaktion gestellte Fragen beantworten, insbesondere, ob die gegenwärtige Krise der Wissenschaften auf eine tiefergehende Krise der Rationalität zurückzuführen sei.

Nun könnte man sich natürlich fragen, ob eine Krise der Wissenschaften – wenn diese tatsächlich eingetreten ist – ohne weiteres einer Krise der Rationalität zuzuschreiben wäre, ja, ob es eine Krise der Rationalität überhaupt geben kann. Wenn ich zum Einschlagen eines Nagels eine Nudel verwenden will, und es mißlingt, ist das ja kaum eine Krise der Nudelheit.

Die meisten der in jener Zeitung abgedruckten Äußerungen sind wahrhaftig keine Musterstücke rationellen Denkens; sie klingen hohl und leer und zeigen, daß der Wissenschafter, und vor allem der Naturforscher, nicht mehr die Fähigkeit besitzt, die immer höher werdenden Grenzmauern seines Faches zu überspringen. Er bleibt verwickelt und gefangen in den von ihm selbst gehäkelten Labyrinthen des Spezialwissens; Labyrinthen, in die kein Außenstehender jemals einzudringen Lust hat. So erweist sich der Elfenbeinturm als Isolierzelle.

Nun habe ich schon früh gelernt, daß man Barrieren dieser Art nur unterirdisch überwinden kann. Fragen, die den Sinn der jetzt vorherrschenden Wissensproduktion betreffen – bald wird sie von Robotern betrieben werden –, betrachtet man am besten aus der Maulwurfsperspektive. Von unten angeschaut, sieht auch der verhängnisvollste Beglücker der Menschheit eher komisch aus. Allerdings hat die Geschichte unseres Jahrhunderts mich gelehrt, daß Komik nicht vor Schandtaten prometheischen Ausmaßes bewahrt, so daß ein österreichischer Provinzteufel mit Varietéschnurrbart ein Volk betören, ein Volk ausrotten kann. Daher habe ich, wenn es um die Weltgeschichte geht, ein weiteres Schutz- und Wappentier bereit: neben dem Maulwurf den Vogel Strauß. Eine der beiden Perspektiven ist immer anwendbar.

Daß die Naturwissenschaften – und wahrscheinlich alle Wissenschaften – sich in einer Krise befinden, will ich nicht bezweifeln; wohl aber, daß diese jüngsten Ursprungs ist. Sie war nur, bevor die Wissenserzeugung industrialisiert und als Massenproduktion von Staats wegen besonders gefördert wurde, weniger bemerkbar. Aber schon am Anfang, zu Zeiten Galileis, mußte das Kardinalskollegium als Krisenstab fungieren, allerdings mit wenig Erfolg. Auch daß gerade in Frankreich die Krise der Wissenschaften mit einer Krise der Rationalität in Beziehung gesetzt wird, erstaunt mich nicht, denn den Franzosen ist die *raison* ebenso teuer wie den Amerikanern der Kaugummi oder den Schweizern das Bankgeheimnis. Angebliche Verstöße gegen die Vernunft, die etwa in Deutschland der romantischen Literatur, Kunst oder sogar Naturforschung durchaus gestattet, ja hoch angerechnet wurden, wären in Frankreich unannehmbar, weshalb die französische Romantik auf mich immer einen leicht verhatschten Eindruck macht. Selbst die Nachtseiten der Natur mußten dort in hellem kartesianischen Glanze erstrahlen. Seltsamerweise hat es sich noch immer nicht herumgesprochen, daß die Sonne der forschenden Vernunft, des wägenden Verstandes nur einen Teil unserer Bewußtseinssphäre erhellen kann; daß, wer Augen hat, viel mehr sieht als die Wissenschaft ihm je wird erklären können; ja daß platte wissenschaftliche Erklärung dem Verstehen der Welt oft abträglicher ist als komplette Ignoranz. Was hilft einem schon die Neuigkeit, daß das Universum mit Quarks tapeziert ist?

II

Davon will ich aber hier nicht sprechen, noch auch davon, wie sehr ich es beklage, daß es unsere Zeit gewesen ist, die als erste dem Archimedes gegeben hat, worauf zu stehen. Ein einziger Punkt ist ihm nämlich nie genug: jetzt, da er die Erde bewegt hat, fordert er mehr Punkte, um mit dem Weltall ebenso zu verfahren. Denn Archimedes ist unersättlich: gib ihm den kleinen Finger, und er schneidet dir den Arm ab, um ihn durch eine besser funktionierende Prothese zu ersetzen. Über den Sinn seines Tuns befragt, stellt sich Archimedes stur und verweist auf die Notwendigkeit, die Unumstößlichkeit des Fortschritts, wobei alle Politiker der Gegenwart, rechts, links und in der Mitte, rot, schwarz oder sterngestreift, ihm laut applaudieren.

Von außen angesehen, mag die Krise der Wissenschaften aus den zahlreichen gegen sie erhobenen Anklagen abgeleitet werden, von denen ich hier nur zwei auswählen will. Erstens, sie sind viel zu schnell viel zu groß geworden und kosten eine Menge Geld. Jeder Computer, jede Rakete, jeder der Forschung dienende physikalische Apparat – nicht zu reden von Beschleunigern, die ganze Länder unterhöhlen – bedeutet den Hungertod zahlloser Menschen. Diese Gleichsetzung ist allerdings nur formell, denn bei unsern wirren Verhältnissen würde das durch die mäßige Zähmung der Wissenschaften ersparte Geld den Darbenden sicherlich nicht zufließen.

Und zweitens ist die Schonfrist zwischen Entdeckung und Erfindung – d. h. zwischen den von der reinen Forschung enthüllten Wahrscheinlichkeiten und deren Verwertung im Großen durch die Technik – so kurz geworden, daß der einzelne Mensch, unfähig sich rasch genug zu adaptieren, keuchend dem Fortschritt nachhasten und nachhusten muß, in der beschämenden Rolle eines Durchfallskandidaten in einer Klasse für hochbegabte Jugendliche. Wenn diese Schonfrist früher einhundert Jahre betragen haben mag, so sind es jetzt eher zwei. In der wissenschaftlichen Medizin, und insbesondere in solchen Fächern wie Gentechnologie oder Organtransplantation, wird es immer schwerer, zwischen dem Hippokratischen Eid und dem Offenbarungseid zu unterscheiden. Manchmal folgt dem wissenschaftlichen »Durchbruch« der einschlägige Börsenkrach auf dem Fuße. Ebenso hat manches Pflanzenschutzmittel den Konsumenten eher vergiftet als den Käfer.

So hilft es dem reinen Forscher nur wenig, wenn er darauf beharrt, daß nicht er, sondern der Ingenieur schuld sei an der Verpestung der Welt. Solche Unterscheidungen sind uninteressant für den Nichtfachmann; denn während Dr. Faust nach oben weist, wo die höheren Erkenntnisse wohnen, zeigt der ungelehrte Finger nach unten auf die Giftdeponie, wo mephistophelisch und mephitisch Synonyme geworden sind. Seltsamerweise verharrte die reine Forschung viel zu lang in dem Glauben, daß sie mit Peter Schlemihl die Unfähigkeit gemeinsam habe, einen Schatten zu werfen. Tatsächlich hat ihr Schatten schon seit vielen Jahren unsere Welt verdunkelt. Ob das ein Fluch oder ein Segen ist, darüber mögen die Meinungen auseinandergehen.

III

Wie aber sieht die anfangs erwähnte Krise aus, wenn man sie von innen betrachtet? Gibt es überhaupt ein Innen? Darüber kann man streiten. In den Geisteswissenschaften gibt es, denke ich, noch immer dieses Innen, wenn es auch nur darin besteht, daß die Ausübenden sich in gleicher Weise benachteiligt fühlen durch die Konkurrenten, die einen elektronischen Rechner in der Tasche zu führen berechtigt sind. Daß es jedoch in den Naturwissenschaften eine gemeinsame Innenseite gibt, an der man Außenseiter spielen kann, würde ich fast bezweifeln. Sie sind nicht einmal alle gleich schädlich. Was haben sie denn gemeinsam? Vielleicht das Unbehagen darüber, daß die tiefe schwarze Grube, in die sie ihre neuen Erkenntnisse schaufeln, nicht voller wird, weil unten ein Loch ist. (Immerhin bietet das den gesellschaftlichen Vorteil, daß man immer mehr

Schaufler benötigt.) Vielleicht teilen sie das Erstaunen darüber, daß ihre Theorien, je mehr sie an ihnen arbeiten, um so schneller zu Hypothesen zerfließen. Vielleicht vereint alle Praktikanten aber nur der Ärger, wenn sie nicht in dieselbe Akademie gewählt werden. Haben sie also nur den lächerlichen Talar gemeinsam?

So weit will ich nicht gehen. Die jetzt vorherrschenden Naturwissenschaften, wie sie in den Schulen und Laboratorien praktiziert werden, teilen den induktiven Forschungs- und Erkenntnisprozeß; sie schließen vom Einzelnen auf das Ganze. Je mehr Einzelnes, desto gänzer das Ganze. Oder, um es chemisch-verengend zu sagen: wenn ich 100 % der Bestandteile eines Waschpulvers identifiziert habe, kenne ich die gesamte Zusammensetzung des Waschpulvers. Ich kann mich also in der Genugtuung sonnen, das Waschpulver jederzeit wiederherstellen zu können. (Ich erspare mir die billige Pointe, daß die Welt kein Waschpulver ist; gar nicht zu reden davon, daß wahrscheinlich die Mehrzahl der Menschen sogar an der Zusammensetzung des Universums nur mäßig interessiert ist.)

Daß der Vorgang der Induktion sich der menschlichen *ratio* bedienen muß, bedarf keiner Betonung. Wenn man also von einer Krise der Naturwissenschaften sprechen darf, so war es nicht weit hergeholt, wenn die Redaktion von *Le Monde* jene mit einer Krise der Rationalität in Verbindung brachte. Allerdings halte ich das Wort »Krise« nicht für glücklich gewählt: es ist eine Art von Schüttelfrost, manchmal gefolgt von Erbrechen.

Als es für den Naturforscher noch möglich erschien, zwischen Induktion und Deduktion zu oszillieren, also bis ins 18. Jahrhundert hinein, war Forschung ein unerhört spannendes, aufregendes Unternehmen. Sie bot Möglichkeiten, heutzutage unvorstellbar, zur Entfaltung der Phantasie. Der Forscher konnte die Natur als das größte aller Wunder verehren, dessen hingebende Betrachtung ihn dem Schöpfer nahebrachte. So ist denn im Worte »Theorie«, etymologisch, das Anschauen, das Betrachten enthalten. Und wenn es sich gar um das Leben handelte, um Hegels »unbegreifliches Geheimnis«, so war es kein Zufall, daß die Ärzte der Antike Priester eines Gottes waren, des Gottes Asklepios. Mit der Entheiligung der Krankheit begann die Trivialisierung des Lebendigen. Aus dem Tempel eines Gottes wurde der Laden des Barbiers, des Feldschers, und das *Hôtel-Dieu* – zähneklappernd und nur einen Schritt weg vom Jüngsten Gericht – wurde zur aseptischen Sterbefabrik unserer Zeit, dem Wolkenkratzer aus Chrom und Glas, darin muntere Marschmusik die Sterbenden aufheitert, nur einen Schritt weg von der Johnny Carson Show. Die drin walten, die Ärzte, hüllen sich meistens in den Kittel des Naturforschers, züchten Mäuse in Rattengröße oder stellen Apparate zur Messung der kernmagnetischen Resonanz in den Operationssaal, so daß auch die mißlungenste Herztransplantation eine gelungene wissenschaftliche Arbeit liefern kann.

Natürlich weiß ich, daß man mich der Übertreibung wird bezichtigen können, denn auch ich habe in meiner Jugend gelernt, daß man nicht generalisieren darf. Aber ist das Generalisieren nicht die Haupttugend des induktiven Forschers? Sind Theorien nicht Collagen oder Mosaike aus vielen Einzelbeobachtungen? Kommt nicht in jedem denkenden Leben sehr oft der Augenblick, in dem man eine Bilanz ziehen muß? Meine Bilanz wird auf Widerspruch oder sogar Abscheu stoßen, denn ich bin zu dem Schluß gekommen, daß die mir zugänglichen Naturwissenschaften während des Zeitraums, in dem ich sie betrachtete und an ihnen teilnahm, unerhört langweilig geworden sind. Schuld daran ist die Sucht, aus der Naturwissenschaft eine Erklärungswissenschaft zu machen, und das Werkzeug, das dazu dient, ist *die Methode*.

IV

Wenn sich das Gerücht verbreitet, in diesem unzugänglichen Urwald befinde sich ein Felsblock, unter dem ein Schatz verborgen ist, so wird der völlig rationale und daher habgierige

Geist des Menschen beschließen, dorthin einen Weg zu schlagen. Gelingt ihm das und er findet den Schatz, so wird der mühselig gebaute Pfad nutzlos, außer zum Spazierengehn. Vielleicht wird man auch den Mann bewundern, der auf so geniale Weise einen Schatz gehoben hat. Wenn jedoch der Weg zwar den Felsblock erreicht, aber kein Schatz liegt darunter, so hat der Wegbauer eine Methode zur Erreichung des Felsblocks ausgearbeitet. Denn oft wird aus dem, was der Naturforscher findet, das, was er behauptet gesucht zu haben. Andere werden ihn darob preisen, und sie werden mit Hilfe seiner Methode andere Steine finden. Manchmal hört der Weg auch plötzlich auf, ein kurzer Weg in einem Riesenwald, und man fragt sich, was Dr. Lederstrumpf eigentlich im Sinn gehabt hat, als er erklärte, sein Ziel erreicht zu haben, denn am Ende des Weges scheint nichts zu sein. In manchen Fällen mag es vorgekommen sein, daß so viele Wege durch den Wald geschlagen wurden, kreuz und quer, daß kein Baum mehr stand: der Wald war weg. So können zu viele Methoden des Gegenstandes Tod sein.

Ich verlasse jetzt das metaphorische Gestrüpp und will darüber nachdenken, was ich mit METHODE meine. Das etymologisch eindeutige Wort deckt einen weiten Bereich und hat in jeder Wissenschaft eine etwas verschiedene Bedeutung, sicherlich nicht dieselbe in der Physik oder der Chemie wie, sagen wir, in der Geschichte oder der Soziologie. Alles in allem bedeutet Methode den sichern Weg zu einem manchmal klar erkennbaren, manchmal aber auch nur supponierten Ziel.

Nehmen wir zum Beispiel die Chemie, mit der vertraut zu sein ich eine spezielle Lizenz erworben habe. Da wird es klar, daß Methode entweder den direkten Weg zu einem Ziel bedeuten kann oder die Umgehung von Hindernissen, die das Ziel umgeben. Also »Weg zu etwas« oder »Weg um etwas herum«. Die Methode zur Herstellung einer bestimmten Substanz ist im wesentlichen ein genau ausgearbeitetes Kochrezept. Wer dieses getreu befolgt, seine angeborene Ungeschicklichkeit in Grenzen haltend, muß dieselbe Verbindung erhalten. Die Ausbeute mag von seinem Geschick abhängen, nicht aber die Beschaffenheit des Produktes. Selbst die Ausbeute darf nicht schwanken, außer in einem sehr engen und im voraus definierten Bereich, wenn es sich um Methoden zur Bestimmung der Quantität handelt. In diesem Falle kann die Methode entweder direkt sein – Wägung der Bestandteile oder ihrer Derivate – oder indirekt: z. B. durch die Messung charakteristischer physikalischen Eigenschaften. Unsere gegenwärtigen Wissenschaften sind immer mehr durch die Verdrängung direkter Methoden durch indirekte gekennzeichnet, denn diese sind es, die den Drang zu immer größerer Genauigkeit und die Jagd auf immer winzigere Mengen begünstigen. Daß dieser Drang, diese Jagd ein stumpfsinniges Element sportähnlicher Rekordsucht enthalten, braucht nicht auseinandergesetzt zu werden.

Daß die Bevorzugung indirekter Methoden dem Wesentlichen einer Wissenschaft abträglich sein kann, läßt sich an der Chemie besonders gut zeigen. Diese ist die Wissenschaft der Materie, ihrer Zusammensetzung und der Reaktionen, welche ihre Bestandteile miteinander bewerkstelligen können. Viele Generationen von Chemikern haben daher zeit ihres Lebens mit Substanzen hantiert, sie haben sie in Händen gehabt, gekostet, berochen, sie haben sie isoliert, gereinigt, kristallisiert usw. Das hat jetzt fast aufgehört, indem es durch eine Art von Schattenspiel ersetzt worden ist; die Materie, der Stoff, wird nur mehr sozusagen durch ihre Fingerabdrücke – Zacken auf einer Kurve, Flecken auf einem Papier, Ausschläge in einem Zähler – wahrgenommen. Die Stofflichkeit ist verschwunden. Was das für das geistige und sogar für das moralische Wohlbefinden des Forschers bedeutet, kann vielleicht nur der ermessen, der dank dem Kalender auf dem höchsten Punkt der Scheidelinie zu stehen kam; der Linie, welche die direkte Untersuchung der Materie von der indirekten trennt. Das war mein Fall gewesen.

V

Wirklichkeit ist das Unmittelbare, das Unvermittelbare. Die Anschauung des Meeres, des Berges, des Baumes kann nicht ersetzt werden durch die Betrachtung einer Photographie, die, je farbenechter, um so verfälschender wirkt. Das Abbild ist immer ein Abklatsch, das Konterfei trägt die Fälschung in sich, es sei denn, daß es der Einbildungskraft gestattet ist, ihre unersetzliche Rolle zu spielen, indem sie die Kontrafaktur auf geheimnisvolle Weise ergänzt. Diese Rettung ins Unvollkommene ist der modernen Naturforschung verwehrt. Die Reproduzierbarkeit der Wunder der Natur im technischen Zeitalter hat diese des Wunderbaren, also der dunklen Hälfte der Wirklichkeit, beraubt.

Ist demnach METHODE nur der nie versagende Knopf an der Kamera der Forschung? Sie ist viel mehr als das, denn die Naturforschung sieht ihre Aufgabe nicht darin, die Natur abzubilden, zu schildern; ihr »erschaffner Geist« will »ins Innre der Natur« eindringen. Ich fürchte, Goethe hat Albrecht von Haller, diesen »Philister«, zu Unrecht zurechtgewiesen, denn das Innere der Natur hat, wenn man es auseinanderschält, die unangenehme Eigenschaft, zur äußeren Hülle zu werden. Am Ende steht man mit Fetzen da, die man zusammenflicken muß. Unter der Steppdecke liegt immer noch die unerkannte Natur.

Ohne Methoden, diesen kürzesten Weg zu einem entweichenden Ziel, kann die Forschung nicht auskommen. Sie müßte immer von neuem anfangen, und dazu hat sie keine Zeit. Dennoch glaube ich nicht, daß ich unrecht gehabt habe, als ich in meinem Buch *Heraclitean Fire* von der Methode als »that bulldozer of reality« gesprochen habe. In unserer Zeit der Massenwissenschaften hat die Überfülle vorhandener Methoden nicht nur die Trivialisierung, sondern auch die irreversible Fragmentierung der wissenschaftlichen Erkenntnisse bewirkt. Heutzutage wird fast jedes Experiment zu einer Methode für die Nachahmer, so daß ein großer Teil aller Bestrebungen zu einer Art von banaler Analogieforschung degradiert wird.

Wer sich jetzt in Laboratorien umschaut, wird vielleicht bemerken, daß sie Stätten einer Kochkunst sind, die ihren Brillat-Savarin noch nicht gefunden hat.

Daß die Natur ein Kontinuum ist, ist ein Gemeinplatz; ebenso, daß ein Kontinuum nicht erforscht werden kann. Die Unterteilung ist früh erfolgt, aber erst in unsrer Zeit ist sie zu einer babylonischen Katastrophe geworden, denn selbst ein Seher, ein Dichter könnte keinen Weg durch die herumliegenden Brocken finden. Daher der Publikumserfolg von Guckguck-gurus, von Büchern, deren vielfache Titel sich reduzieren lassen auf so etwas wie »Ich bin nicht ganz hier« oder »Weltenwende – oder?«.

VI

Krise der Rationalität? Vielleicht liegt deren Anfang weit zurück, vielleicht begann diese Krise mit der Aufklärung des 18. Jahrhunderts und verschärfte sich nur, als man es unternahm, unter die vorschnell zerfaserte Natur, vor allem die lebendige Natur, das Rettungsnetz des Reduktionismus auszuspannen. Bei der unbelebten Natur – oder, wenn es nach mir ginge, bei der scheinbar unbelebten Natur – hatte man es leichter. Die Ziele schienen klar definiert und die zu ihrer Erreichung ausgearbeiteten Methoden lagen so dicht nebeneinander, daß das von ihnen gebildete engmaschige Netz wenig Möglichkeit zu bieten schien, daß viel Unbekanntes entwischen könne. Und doch geschah das hie und da. Zum Beispiel erschien am Anfang unseres Jahrhunderts das Periodische System der Elemente fest gegründet, wenn auch unerklärlich; aber erst nach der Entdeckung der Radioaktivität, nach der Formulierung der Atomstruktur, nach der Definition des Isotopenbegriffs begann man es zu verstehen.

Je konkreter die Absicht, desto enger der Spielraum für die Wissenschaft, sie zu verwirklichen. Bei manchen Problemen erscheint dieser Spielraum fast völlig ausgefüllt, so daß man hier die Grenzen des Wißbaren zu erblicken glaubt. Dennoch bin ich dessen nicht gewiß; eine sozusagen quer vorangetriebene Methode, eine gleichsam aus Traum oder Assoziation herangewehte Frage können alles verändern.

Manchmal sind solche Veränderungen festgefügter Wissenskreise allerdings nur von der Mode herbeigeführt, also davon, was man jetzt in der Branche Paradigmenwandel nennt. Wahrheiten, im Gegensatz zum göttlichen Singular, können nämlich an Altersschwäche sterben. Viele Generationen von Studenten wurden gelehrt, Naturforschung sei die Jagd nach Wahrheit über die Natur. Wenn aber das Verfolgen der Wahrheit zur Parforcejagd wird, spaltet sich jene in viele winzige Wahrheiten.

Ich werde vielleicht Widerspruch hervorrufen, wenn ich sage, daß die Anwendung von Methode auf die lebendige Natur ernstere Zweifel veranlaßt. Ich bin zwar gerne bereit zu glauben, daß in der Natur alles zusammenhängt und daß ein in einen Schweizer Bergsee geworfener Stein mit einer Vulkaneruption auf den Philippinen zusammenhängen mag. Aber darüber brauche ich mir keine Sorgen zu machen, außer in Ehrfurcht meinen Hut zu ziehen. Denn was ist das gegen das Lebendige, dessen ewig parater Beweis, der Tod, allen, tags und nachts, vor Augen steht? Vielleicht hätte der westliche Geist besser getan, hätte er seine Hände von der Zerfaserung des Lebendigen gelassen, wissend – wie es, glaube ich, die Antike tat –, daß das Leben sich nicht selbst erforschen könne; aber dazu ist es zu spät. Die Priester des Asklepios sind schon längst bei Moloch in die Lehre gegangen; die Vivisektion, an Tieren immer schwerer gemacht, hat sich neu etabliert unter der Devise der Rettung des Menschenlebens. Man liest täglich in den Zeitungen von phantastischen Operationen, Gewebeverpflanzungen usw.; aber fast niemals wird einem später gesagt, wie lange Lazarus eigentlich überlebt hat. Sind diese Eingriffe in Technicolor in Wirklichkeit nichts als Experimente am Menschenleib, Versuche zur Ausarbeitung von Methoden, von denen man hofft, daß sie einstmals zur lukrativen Routine werden? Ist die Transplantation eines drei Tage alten Herzens in einen zehn Tage alten Säugling nur eine lehrreiche Version der Abtreibung? Was jetzt unter mißverstandener Interpretation des Heilungsauftrags mit Menschen, mit leidenden Menschen, aufgeführt wird, wäre noch vor einigen Jahren undenkbar gewesen. Für mich ist es einer der Beweise, daß METHODE, auf das Lebendige losgelassen, dieses zur Maschine entwürdigen muß. Dabei entbehrt das Lebendige eine der hauptsächlichen Eigenschaften der Maschine: die Wiederholbarkeit.

VII

Als dem 18. Jahrhundert die Augen aufgingen, denn es glaubte zu erkennen, daß der Mensch eine Maschine sei: das war, denke ich, die wahre Krise der Vernunft. Damals begann auch die bewußte und systematische Suche nach Methoden aller Art; eine Suche, von der die neue Wissenschaft der Chemie besonders profitierte. Da bewährte sich – in der anorganischen und organischen Chemie, in der Experimentalphysik, in der Astronomie usw. – die eine Seite der Methodik, nämlich die Fähigkeit, als Kochrezept zu dienen, zur Bestimmung und Bereitung von Substanzen oder zur Messung ihrer Eigenschaften. Dabei stieß man fast immer auf den Schatz, der sich unter dem Felsen verbarg – um meine früher verwendete Metapher wieder aufleben zu lassen. So durchgruben Methoden nicht nur die Erde, sogar die Beziehungen zwischen Himmelskörpern konnten methodisch untersucht werden. Die bemerkenswerte Genauigkeit und Reproduzierbarkeit der Resultate führte zu oft höchst scharfsinnig formulierten Naturgesetzen. Da fast jede wissenschaftliche Methode ein sozusagen eingefrorenes Experiment ist, drängte der Bahnbrecher die Nachkommenden in die Rolle der Epigonen. In dem Maße, wie die Anzahl erprobter Methoden anwuchs, wurde der alexandrinische Charakter der Wissenschaften immer betonter: Methodik wurde zum Selbstzweck, häufig das Ziel verhüllend oder es ersetzend.

Die großen Erfolge systematischer, methodischer Forschung in den exakten Naturwissenschaften verführten zu der Annahme, das Leben könne mit ähnlicher Methodik ebenso erfolgreich erforscht werden. Das ist jedoch meiner Meinung nach nicht der Fall. Wissenschaftliche Resultate sind Prämissen zu dem verallgemeinernden Schluß. Je vollständiger das Arsenal von Einzelbetrachtungen, um so vertrauenserweckender die Konklusion. Dieser Komplettheit entweicht jedoch das Lebendige, da wir nicht wissen, was Leben ist. Wir können nie sicher sein, daß wir alle notwendigen Prämissen wirklich versammelt haben. Daher die fortwährenden Revolutionen, denen die biologische Forschung unterworfen zu sein scheint, die zwangsweise eingebaute Vorläufigkeit aller endgültigen Befunde.

In diesem Zusammenhang möchte ich zwei Stellen aus meinem »Feuer des Heraklit«[1] zitieren.

> Fangen wir damit an, daß keine andre Wissenschaft so grenzenlos, so weit offen ist wie die Biologie. Keine andre Wissenschaft bezieht sich selbst in ihrem Namen auf einen Gegenstand, den sie nicht definieren kann. In keiner andern Wissenschaft ist die Spanne zwischen dem, was man verstehen sollte, und dem, was man verstehen kann, so weit. Selbst das Konzept von »Methoden« und deren Anwendung hat völlig verschiedene Folgen, wenn man, sagen wir, die Chemie mit der Zoologie vergleicht. Es kann sehr wohl Methoden, Verfahren geben, um den Eisengehalt eines Minerals zu bestimmen, aber es gibt keine Methode, um das Leben zu erforschen. Allerdings gibt es allerhand Tricks und Abkürzungen, von denen behauptet wird, daß sie das zustande bringen. Aber gerade die große Anzahl und Vielfalt von Methoden ... haben zu einer derartigen Fragmentierung geführt, daß ein einheitliches Bild von der lebenden Natur unmöglich geworden ist. (S. 220)
>
> Für den Experimentator ist eine wohlüberprüfte Methode gleichsam ein sehr scharfes Werkzeug, mit dessen Hilfe er

winzige und regelmäßige Streifen aus dem Fleische der Natur schneiden kann. Was er erfährt, gilt für das betreffende Fragment, aber nicht für die angrenzenden Bereiche. Diese können auf ähnliche Weise wieder mit Hilfe anderer Methoden untersucht werden. Man hofft, daß diese ganze zersprengte Welt des Wissens schließlich zu einem Gesamtbild zusammenfließen wird, aber das ist niemals geschehen, noch auch ist es wahrscheinlich, daß es in der Zukunft stattfinden wird, denn je mehr wir unterteilen, um so weniger können wir zusammenschließen. (S. 230 f.)

In ihrer Anwendung auf Probleme der Biologie zeigte Methodik eine andere, eher verhängnisvolle Fähigkeit: nämlich, anstatt des nie erreichten Felsens und Schatzes – ich kehre zur blumigen Sprache meiner vierten Sektion zurück – jeden, oft auch unfreiwilligen Endpunkt ihrer Reise als ursprüngliches Ziel zu deklarieren. Auf diese Art ist das Feld der biologischen Forschung mit Marterln aller Art übersät worden: jeder Mißerfolg ein Durchbruch. (In meiner längst verwehten Kindersprache kennzeichnete ein Marterl den Ort eines schweren Unfalls, zusammen mit der Aufforderung zu einem kurzen Gebet. Die Andacht, die der Forscher vor den Pseudozielen seines Gewerbes verrichtet, ist anderer Art: er zitiert sie in seiner nächsten Arbeit; einmal und nie wieder.)

So resultiert ein Gobelin von Halbwahrheiten, manchmal wissenswert, manchmal banal, fast niemals zueinander gehörend. Das rührt von der unvorstellbar großen Diskrepanz her zwischen der Unermeßlichkeit des Lebendigen und dem zur Pygmäenkleinheit verurteilten Unterfangen der Menschen, in jene Unermeßlichkeit einzudringen. Ob der Forscher, der ins Reich der Grenzenlosigkeit einfällt, sich einer Grenzüberschreitung schuldig machen kann, weiß ich nicht; wohl aber eines völligen Mangels an Gefühl für den Ernst dessen, worin er sich eingelassen hat. Je tiefer er in das Leben vorstößt, um so mehr verletzt er es. Am Ende, auf dem Gipfel des Erfolgs, befindet er sich in einem Schlachthaus für Leichen. Denn ich kann nur wiederholen, was ich vorher gesagt habe: es gibt keine Methode, um das Leben zu erforschen.

VIII

Verwirklichungen eines Ideals sind immer Parodien desselben. Das gilt auch für den Versuch der experimentierenden, reduktiven, induktiven Wissenschaft, das Leben zu verstehen. Wie schon gesagt, die Größenunterschiede zwischen Frager und Befragtem sind zu enorm. Verändert man die Methode auch nur im geringsten, so findet man sich schon in einem neuen Territorium. Daher ist die Zahl der vorgeblichen Entdeckungen, die man machen kann, fast unbegrenzt. Ob diese anerkannt werden, hängt nicht von ihrem innern Wert ab, der unbestimmbar ist, sondern davon, ob sie in den Sektencharakter der gegenwärtigen biologischen Forschung hineinpassen. Wer diese Wissenschaften lange beobachtet hat, kann nicht umhin zu staunen, wie viele Sekten verschiedener Couleur er kommen und gehen gesehen hat. Ihre eifervollen Konzile sorgten für Lärm. War nicht Asilomar ein molekulares Nicaea?

Das trifft weniger zu auf die exakten Wissenschaften, deren viel solider gegründete Methodik ein kompakteres Gebiet dichter bedeckt. Selbst für die Biochemie gilt es nicht, soweit sie sich damit begnügte, Gewebe, Zellen und deren schonend isolierte Bestandteile in ihrer chemischen Stofflichkeit und in ihren Reaktionen zu untersuchen. Damit ist es aber fast vorbei, und die unterdessen eingerissene Roheit der Vorsätze korrumpiert die Ergebnisse.

Daß aber alle Naturwissenschaften schon seit langer Zeit ihre Methodik – eine jede die ihre – trugen wie einen mit ihnen verwachsenen, lebensnotwendigen Inkubus, ist mir offenkundig. Trotzdem kann ich mir Forschung, und insbesondere Naturforschung, ohne Methoden nicht vorstellen, obwohl ich aus Erfahrung weiß, wie oft METHODE ein Ersatz fürs Denken ist. Wie viele der Forscher, die ich an den komplizierten und ach so kostspieligen Apparaten sitzen sehe, verstehen, was sie tun und worauf die von ihnen verzeichneten Ergebnisse beruhen? Sie drücken auf Knöpfe und werden berühmt. Was geschehen ist, ist, daß METHODE die Menschen überwältigt und, im Falle des Computers, verdrängt hat.

Wenn es jetzt in vielen Bereichen der Naturforschung fünfzigmal so viele Forscher gibt wie vor fünfzig Jahren, so hat sich das Angebot neuer Methoden wahrscheinlich verhundertfacht. Mir erscheint diese unheimliche Vermassung der Naturwissenschaften als ein ähnliches Phänomen wie der mir ebenfalls rätselhafte Massentourismus unserer Zeit. Die unter der Führung einiger Molekularimpresarios veranstalteten Gesellschaftsreisen in die Natur bringen, fürchte ich, eine nicht weniger oberflächliche Kunde von den Sehenswürdigkeiten zurück.

IX

Und wo bleibt die Wirklichkeit? Hat der Schweiß so vieler Zauberlehrlinge uns ihr nähergebracht? Jemand sagte einmal zu mir: »Es gibt so viele Wirklichkeiten wie es Köpfe gibt.« In der Tat, von der Kienfackel zum Neonlicht ist es weniger weit als vom Menschen zum Menschen. Vielleicht liegt die große Stärke der modernen Naturwissenschaften eben darin, daß sie die kleinste gemeinsame Wirklichkeit wiedergeben. Daß diese nur einen winzigen Teil der Wirklichkeit ausmacht, ist eine andre Sache.

Es liegt im Wesen von Methoden, daß sie immer nur das aufdecken können, was durch Methoden aufdeckbar ist. Ob man sich damit zufriedengibt, hängt vom Wesen des Einzelnen ab. Für viele reicht das aus, um sie bis zu ihrem Tod amüsiert zu erhalten. Aber die Naturforschung ist – anders als das Schachspiel oder das Briefmarkensammeln – gefährlich geworden für die Menschheit, denn der Weg von der methodischen Feststellung zur industriellen Ausnützung ist jetzt sehr kurz. Manche Scheußlichkeit, die früher nur den schönen Inhalt eines Forschertraums gebildet hätte, liegt morgen schon auf den Straßen. Techniken, die vor kurzem nur dem Einfrieren von, sagen wir, grünen Bohnen dienten, bewahren jetzt menschliche Embryonen bis zum Jüngsten Gericht, da sie aufstehen werden, um gegen ihre Zeuger zu zeugen. Aber auch ihre Pökler sollen, wenn es auf mich ankommt, nicht vergessen sein.

Wir leben in Zeiten, die fast alles, was ihnen lieb und teuer ist, mit dem Präfix *post* verzieren. Vielleicht deutet sich damit die altbekannte Euphorie des Idioten an, der davon überzeugt ist, daß er sich auf dem Gipfel des geschichtlichen Fortschritts befinde; besser als er werde es niemand machen. So ist unsere Zeit »post-ideologisch« und »post-modern«; sie ist aber auch »post-marxistisch«, »post-kapitalistisch« und »post-industriell«. Besonders dort, wo ich lebe, in Amerika, wird damit viel Blödsinn getrieben. Das ist aber alles dumme Heuchelei, selbst wenn man es erleben wird, daß die Zeit sich auch als »post-wissenschaftlich« und sogar als »post-japanisch« kostümiert. Das einzige, was ein objektiver Beobachter von unserer Welt sagen kann, ist, daß sie immer mehr verdreckt; und obwohl sie sich noch nicht als »post-herkulisch« vorgestellt hat, kann man gewiß sein, daß Augias als Sieger hervorgehen wird.

Post-wissenschaftlich ist unsere Zeit gewiß noch nicht. Im Gegenteil; die Naturwissenschaften arbeiten in Tag- und Nachtschichten. Woran sie arbeiten, können sie allerdings nicht mehr sagen, denn wir sind ja bekanntlich post-ideologisch. Nur der Seltene, der es nicht ist, könnte vielleicht sagen, wohin das alles führt; aber als Schwarzseher findet er mit Recht kein Gehör. Der Fortschritt hat sich mit der Wissensproduktion identifiziert. Da sonst wenig fortschreitet, betrachten es alle Länder als ihre Pflicht, die Erzeugung neuen Wissens zu fördern. Dabei nimmt die Ausarbeitung neuer, und infolgedessen besserer, Methoden eine wichtige Stelle ein. Aber, wie so manche zu der Überzeugung gekommen sind, daß der Fortschritt nur erträglich ist, wenn er mit Trägheit gepaart ist, so ist es dazu gekommen, daß auch METHODE, einst so messerscharf, so nadelspitz, so atemrein zusehends verschlampt. Nie zuvor in der Geschichte der Naturwissenschaften wurden so viele Schwindel und Gaunereien aufgedeckt wie in den letzten Jahren in der biologischen Forschung. Optimisten, die sich in diesen schweren Zeiten um die wenigen erhältlichen Gemeinplätze raufen müssen, versichern mir, das sei nur die Spitze des Eisbergs.

Anmerkungen

[1] Erwin Chargaff, Das Feuer des Heraklit. (Klett-Cotta, Stuttgart [3]1981.)

10. Aufforderung an die Bäume, in den Himmel zu wachsen

I

Mit der Aufforderung ist es aber nicht getan; man muß auch aus eigenem dabei mithelfen. Wir sind in den letzten dreißig Jahren nicht faul gewesen. Es ist, als hätten wir den Schöpfer aufgefordert, es mit den ersten sieben Tagen nicht genug sein zu lassen, und noch ein weiteres gewaltiges Wöchlein hinzuzufügen, so daß die Unterscheidung zwischen dem sechsten Tag und den vorhergegangenen endlich wegfalle. Worauf wir nämlich aus sind, ist eine Genesis mit einem menschlichen Gesicht. Die Software kommt von IBM.

Hunderttausende von Jahren hat es so ausgesehen, als hätte jedes lebende Geschöpf, ja jeder Fluß und Berg, jede Wüste und jedes Meer, einen eigenen Platz auf der Welt, hineingeschmiegt in ein Ganzes, das unendlich größer war als wir je erfassen konnten. Das war der Kosmos, »die ewige Zier«, worin das Mauseloch gerade groß genug war für die Maus und der Himmel für die Wolken. Geschmeidigkeit und Starrheit, Durchblutung und Versteinerung, Leben und Sterben – und das Wichtigste von allen: Dasein – waren unabänderliche Attribute, die das schwächste aller Lebewesen, den Menschen, aufrechterhielten, wenn er in Angst und Überschwang den Lauf der Welt betrachtete. Willens, ließ er sich führen; strampelnd, wurde er geschleppt; alles ging seinen Gang, und die Weisesten wußten, daß ihre Stärke von ihrer Schwäche kam.

Wer braucht zu erklären, daß das ein unerträglicher, eines Menschen unwürdiger Zustand war? Hatten wir nicht Forschung und Technik erfunden und sie in die Welt gesandt, um endlich Ordnug zu schaffen? Selbst wenn wir nicht wissen, was wir wollen, so wissen wir, was wir nicht wollen. Wurde der Pentateuch nicht publiziert, ohne daß jemand die Korrekturfahnen anständig gelesen hatte? Meine Generation sah sich aufgerufen, für Abhilfe zu sorgen.*

Lang bevor man sich eingeredet hatte, es sei die Aufgabe der Menschen die Natur zu verändern, war man von der Zweckmäßigkeit der Natur überzeugt. Unendliches Staunen war die Antwort auf die ersten Erfolge der Naturforschung; die Vielfalt der Erscheinungen schien zusammengehalten durch die Einheitlichkeit der Gesetze. Vollends das Reich des Lebendigen war teleologisch geordnet: die richtig gehende Uhr sprach für einen Uhrmacher, der wußte, was er tat. Natürlich ließ ein so scharfer Geist wie Lichtenberg es sich nicht nehmen, die Teleologie zu Ende zu denken, wenn er schrieb: »Er wunderte sich, daß den Katzen gerade an der Stelle zwei Löcher in den Pelz geschnitten wären, wo sie Augen hätten.«[1] Behutsam und bescheiden in seiner eigenen Wissenschaft, der Physik, war Lichtenberg unbedingt in seinem Denken, und er hätte sich gewiß gewundert zu sehen, daß man heutzutage ein radikaler Forscher und ein fauler Kopf sein kann. Gewiß glaubte auch er an die Verbesserungsfähigkeit der Welt, aber als Kind des achtzehnten Jahrhunderts hatte er vorab den Menschen im Auge, dessen Geist und Betragen. Außerdem bezogen diejenigen Denker der Vergangenheit, welche die Franzosen als »Moralisten« bezeichnen, einen großen Vorteil aus dem Bewußtsein, daß ihre Wünsche nicht in Erfüllung gehen können, während jetzt so vieles Unwünschenswerte möglich geworden ist. Die Folge ist, daß man sich heute das mögliche Unwünschenswerte wünscht und für das Unmögliche Forschungskredite bezieht. So lesen sich auch die Forschungsprojekte wie ein Musterkatalog aus der Hölle.

* Als ich vor kurzem in Zürich, jener nüchternsten aller Städte, den See entlang spazierging, sah ich auf dem Utoquai unter den in den Boden gekratzten, verblaßten Graffiti die Inschrift »Wir wollen alles!«

II

Ich leide an einer seltsamen genetischen Mißbildung: sobald mir jemand versichert »Das ist kein Problem«, sehe ich ein fürchterliches. Die Wissenschaft gräbt nämlich fortwährend tiefe Löcher, aus denen sie die Hineingefallenen dann wieder herauszuziehen versucht, aber ohne Erfolg. Dann verlangt sie viel Geld um herauszufinden, warum es nicht geht. Wenn man gerade zurechtkommt und das Graben hat noch nicht begonnen, so hilft das auch nichts: gegraben muß sein.

So lese ich zum Beispiel in einem Leitartikel der New York Times vom 5. Oktober 1984 einiges Überraschende. Der Artikel trägt den Titel »Übertragung der Menschlichkeit auf andere Gattungen« (»Conferring Humanity* on Other Species.«) Die ersten Sätze lauten wie folgt:

> Das Gen, das das Wachstumshormon in Menschen erzeugt, wird jetzt Schafen und Schweinen einverleibt, um sie größer wachsen zu machen. Das ist ein Ärgernis für Jeremy Rifkin von der »Foundation on Economic Trends«, der in dieser Woche einen Prozeß gegen das Landwirtschaftsministerium angestrengt hat, um es zu veranlassen, diese Experimente einzustellen. Aber warum sollen, mit ein bißchen genetischer Hilfe, Schweine nicht so groß werden wie Menschen oder sogar wie Elephanten?
>
> Die Übertragung menschlicher Gene auf Tiere, sagt Herr Rifkin, bedroht »die biologische Integrität einer jeden

* In Samuel Johnsons Dictionary, das den Stand der englischen Sprache auf der Höhe der Aufklärung wohl am besten wiedergibt, finden sich als Definitionen von *Humanity*: 1) Die Natur des Menschen (»the nature of man«); 2) Menschheit (»mankind«); 3) Gütigkeit (»benevolence«). Die Fähigkeit, den Mond zu besuchen oder Minderwertige zu Seife zu verarbeiten, ist wahrscheinlich in der ersten der drei Definitionen mit enthalten. Jedenfalls wird man bemerken, daß die englische Bezeichnung nicht zwischen »Menschheit« und »Menschlichkeit« unterscheidet.

Gattung und ist eine neue und heimtückische Form von Grausamkeit gegenüber den Tieren, indem sie diese ihrer einzigartigen genetischen Beschaffenheit beraubt.« Das sind interessante Fragen, die obwohl von den hier beanstandeten Versuchen nicht direkt berührt, durch zukünftige Fortschritte der Gentechnologie aktuell werden könnten.

Das Gewäsch geht weiter mit seinen ewigen »sowohl als auch« und »hinwiederum«. Vielleicht verdienen noch die folgenden Sätze zitiert zu werden, nicht weil sie so schön, sondern weil sie so dumm sind:

> Solche Genübertragungen müssen vorgenommen werden, wenn – wie es tatsächlich die gegenwärtige Absicht der Gesellschaft ist – der menschliche Organismus vollkommen verständlich sein soll. Die Einpflanzung einzigartiger menschlicher Gene in Tiere dürfte die einzige Möglichkeit sein, um zu erkennen, wie diese Gene funktionieren, es sei denn, daß sich eine Einpflanzung solcher Gene in Patienten klinisch irgendwie rechtfertigen ließe.

Keine Angst, eine solche Rechtfertigung findet sich immer. Zuerst begeht man die Missetat, und dann wird sie klinisch notwendig. Die soeben angerufene Gesellschaft ist nämlich aus Gummi, und sie verleiht dem, der sie tritt, einen elastischen Schritt. Besonders gefällt mir das »müssen«. Daß alles, was gemacht werden kann, gemacht werden muß, – und auch manches, das nicht gemacht werden kann –, diesen wohlbekannten Diabolischen Imperativ habe ich schon oft besprochen. Am Schluß der albernen Homilie wird noch etwas Spott über Herrn Rifkin ausgegossen, weil er von der biologischen Integrität der Spezies spricht; seit Darwin wisse man es besser.

Ich weiß nichts von Herrn Rifkin – und die Tatsache, daß sein Name bis zu mir gedrungen ist, macht ihn bereits ein wenig verdächtig –, aber wo er recht hat, hat er recht. Ebensowenig wie ich die Zukunft der Menschheit den drei Hexen in

»Macbeth« anvertrauen möchte, bin ich geneigt, deren Nachfolgern, den Gentechnologen, ausschließliche Verfügungsrechte über die Schöpfung einzuräumen. Das gute Alte mag nicht immer gut sein, aber es ist meistens besser als das zusammengepfuschte Neue. Was erhoffen sich die Redakteure der New York Times von einem Schwein von Elephantengröße? Dickere Borsten? Lauteres Grunzen? Oder träumen sie von einem neuen Hannibal?

III

Man mag finden, daß ich mit diesem Zitat den Wissenschaftsjournalisten zuviel Beachtung schenke, also Leuten, die aus der Tatsache, daß sie einmal in Thermodynamik durchgefallen sind, die Berechtigung ableiten, die neuesten Exzesse der Naturwissenschaften zu beklatschen. Aber aus dem Munde der Kinder müssen die Schlauen überführt werden; sie selbst reden ein Schauderwelsch, dessen erhabene Unverständlichkeit sie unhörbar macht.

Wer so weit gelesen hat, wird erkannt haben, daß hier von der Gentechnologie die Rede ist, einer Wissenschaft, deren Exzesse zugleich ihre Triumphe sind. Was hat man uns nicht schon alles in den Zeitungen erzählt von den Wundern, die im Begriffe sind hierzusein! Meistens sind es Wunder, auf die sich niemand besonders freut, denn man weiß, wenn sie eingetroffen sind, verändert sich ihr Name und sie heißen unlösbare Probleme. Da sie aber meistens nicht eintreffen, bedient sich die Suche nach ihnen eines allgemein geachteten Pseudonyms, und das lautet »Krebsforschung«. Diese wird überall als ein edles Gewerbe angesehen, und wer einmal als edel erwiesen ist, kann keine Gemeinheiten begehen.

Diese in den Vereinigten Staaten zur Welt gekommene Wissenschaft heißt auf englisch »genetic engineering«; im Deutschen scheint sich die Bezeichnung »Gentechnologie« einzubürgern. Ich habe schon früher über sie geschrieben, besonders in einem Aufsatz (»Wenig Lärm um Viel. Bemerkungen zur genetischen Bastelsucht.«), der zuerst in der Zeitschrift SCHEIDEWEGE und dann in einem Buch erschienen ist.[2] Auch in zwei Kapiteln eines spätern Buches habe ich davon gesprochen.[3] Mein erster Trompetenstoß vor den Mauern eines Jericho, das sich ins Fäustchen lachte anstatt einzustürzen, liegt weiter zurück.[4]

Für den gegenwärtigen Zweck wird es genügen zu sagen, daß diese neue Wissenschaft – oder besser Technik – auf Kunstgriffen beruht, die es möglich machen, ein fremdes Gen in die DNS eines Wirts zu übertragen, dessen Zellen von da an dieses Gen und seine Produkte in vererblicher Weise vervielfältigen. Viele Tausende von Versuchen dieser Art sind bereits ausgeführt worden: eine Grenzüberschreitung von einer bisher unerhörten Massivität, denn fast ein jedes dieser Experimente verletzt die früher angesprochene »biologische Integrität einer Gattung«.

Manchen, leider nicht vielen, ist es klar geworden, daß mit dieser Erfindung die Menschheit an einen Scheideweg gelangt ist, der vielleicht noch deutlicher demarkiert ist als im Falle der Atomspaltung, denn Veränderungen des Erbapparates sind irreversibel. Trotzdem sind alle öffentlichen Kontrollen bis fast zur gänzlichen Aufhebung gemildert worden, und man kann nur hoffen, daß die Göttin Nemesis anderwärts beschäftigt ist.* Sie straft die Sünden bis ins hundertste Geschlecht, irrt sich aber häufig in der Familie.

Daß die anfangs geschilderten Experimente die Ordnung der Natur durchbrechen, kann nicht geleugnet werden. Gigantismus, Akromegalie sind Krankheiten; und obwohl man darüber disputieren könnte, inwieweit Krankheiten zur »Norm und Regel« der Natur gehören, kann es kaum die Aufgabe der Gentechnologie sein, irreversible Mißfunktionen – sei es der

* Die Nemesis ist das ausführende Organ des olympischen Vergeltungsapparats. Wer Themis, die Göttin der Gerechtigkeit, verletzt, den ereilt die Nemesis. »Der Name bedeutet den gerechten Zorn, der sich gegen diejenigen richtet, die eine Ordnung, vor allem die Ordnung der Natur, durchbrochen haben und ihre Regel und Norm verletzten.« [5]

Hypophyse, sei es anderer Organe – hervorzurufen. Der altberühmte Aufruf an den Arzt, sich selbst zu heilen, enthält nicht die Aufforderung, seine Patienten krankzumachen. Die judäo-christliche Welt, in der wir leben, ist sich jedoch darin einig, daß, wo es um die Naturforschung geht, jeder Zweck alle Mittel heiligt. Die herrschende Ideologie des Fortschritts lähmt jede Kritik. Da Forschung und Technik bekanntlich den Fortschritt der Menschheit bewirken, gilt alles, was sie hervorbringen, als Fortschritt, selbst in Fällen, in denen das Motto lauten sollte: »Ein Fortschritt vorwärts, zehn Fortschritte zurück«.

IV

Nun kann man sich natürlich fragen: gibt es so etwas wie die biologische Integrität einer Gattung? Der immer verwirrter werdende Laie schaut aus dem Fenster, und da sieht er Spatzen und Tauben, Amseln und Drosseln, ja manchmal sogar ein Pferd; geht er durch den Park, so erblickt er viele verschiedene Bäume, Gräser und Blumen. Die unendliche Vielfalt in Gottes weiter Welt erfüllt ihn mit Ehrfurcht, und er erfreut sich der Natur, die mit Farben und Formen, Gerüchen und Geschmäkken, Blühen und Welken das einzige Bollwerk ist gegen das Elend der Zeit. Sich vorsichtig umsehend, ob nicht ein Fachmann in der Nähe ist, schließt der Laie, das, was ihn umgebe, sei die Natur, erkennbar in Namen und Gestalten, fest im Wandel, ewig, wie nichts anderes auf der Welt.

Diese Menschennatur, diese verdächtig kindliche Laiennatur mag auch die Natur eines Linné oder Buffon gewesen sein, ja eines Darwin oder Mendel, aber ich denke nicht, daß sie die eines modernen Naturforschers sein kann. Schon in meiner Zeit – und wie viel mehr jetzt! – weilte die Naturforschung gleichsam in einer Höhle der Trolle, worin alles, Stoff und Leib, analytisch zersetzt ist, so daß das Auge Farben als Spektren sieht, Stoffe als Elementarteilchen und das Lebendige als ein System der Informationsübertragung und des Energiesprungs. Für den Reduktionisten ist die lebende Zelle ein vorläufiges Modell eines Computers und der Vererbungsapparat eine primitive Art von Software. Das Leben in seinen zufälligen Erscheinungsformen sei eigentlich nur ein Kampf zwischen verschiedenen programmierten Molekülen der Desoxyribonukleinsäure, die um Ausdruck ringen, und wenn man erst richtig gelernt habe, mit den Genen umzuspringen, so werde der Traum der Alchimisten des Lebens, eine Gattung in eine andere umzuwandeln, wahr werden.

Jetzt sind sie noch nicht so weit, aber, Gott, wie sie umspringen! Jedes wird in alles transplantiert und alles in jedes. Fortwährend schießen neue Zeitschriften hervor, und aus allen lacht einem ein wahrer Hexensabbat entgegen von Versuchen, die noch vor wenigen Jahren höchst bizarr, ja sogar sinnlos oder tadelnswert erschienen wären. Für mein Teil muß ich gestehen, daß ich es angesichts so vieler epochaler »Durchbrüche« schwer finde zu entscheiden, welche Resultate etwas wert sind, welche trivial und welche ein Schwindel. Immer häufiger, fürchte ich, sind sie das letztere, denn alles geht ein bißchen schnell vor sich, und das alte Prinzip der Selbstkontrolle der Naturwissenschaften ist längst nicht mehr wahr. Vorläufig kommen die Enthüllungen des Schwindels meistens von enttäuschten Mitarbeitern, die zwar mitgekrönt, aber nicht mitgehangen sein möchten. Aber wenn erst Dr. Herkules sich des molekularen Augiasstalls anzunehmen beginnt, wird noch viel mehr herauskommen.

Die Sucht, an den Grundmauern des Lebens herumzugraben oder einen Quader durch einen andern zu ersetzen, scheint unbezähmbar zu sein. Trotzdem kann ich mich des Eindrucks nicht erwehren, daß es sich bei dem ganzen Gewimmel von Forschern und Entwicklern nur um Zauberlehrlinge handelt, die sich darauf geworfen haben, die Besen zu klonieren. Wie mechanisch und phantasielos es bei all dem zugeht – Kochbuchrezepte, in denen nur ein paar Ingredienzien vertauscht werden –, kann nur der ermessen, der die einschlägigen Arbeiten zu lesen vermag.

Die Erschütterung von allem, was den Menschen der Vorzeit als festgelegt und unerschütterlich erschienen ist, ist eines der Merkmale unserer Zeit. Nach der Spaltung des Atoms, des »Unspaltbaren«, kommt die Befingerung des Lebendigen und die Transmutation der Gattungen. Wie lange noch bis zu den ersten Versuchen zur Abschaffung des Todes?

V

Manche werden, fürchte ich, fragen »Warum nicht?« Allmählich, und ohne sich selbst darüber klar zu werden, haben nämlich die Naturwissenschaften, und besonders die biologischen Wissenschaften, die Aufgabe auf sich genommen – oder sind zu ihr gezwungen worden –, das menschliche Schicksal zu korrigieren oder gar außer Kraft zu setzen. Ich weiß, daß jede Diskussion dieser Art die Gefahr läuft, zu einer Art von dilettantischer Theologie zu entarten; eine Gefahr, der ich nur entgehen kann, indem ich den Mund halte. Aber über das Wort selbst – wenn es schwer ist, ist es ein Schicksal, wenn gütig, ein Geschick – kann man nachdenken.

Dieser Mann ist zu kurz, dieses Kind ist zu dumm, jene Frau ist unfruchtbar; gerade gestern starb mit nur 52 Jahren ein sehr bedeutender Mann, der vielen große Freude gemacht hat. Wir stellen fest, daß das Schicksal schwer, hart, grausam war und ziehen die unserem Charakter angemessenen Konsequenzen, also meistens gar keine. Daß andererseits ein gütiges Geschick es Goethe erlaubte, in sehr hohem Alter den zweiten Teil des Faust zu vollenden, wenn auch in etwas übereilter Form, erfüllt uns mit Freude, und wir nennen ihn einen Liebling der Götter. In diese sich seit Jahrmillionen wiederholende Menschengeschichte einzugreifen, war den Wissenschaften bis vor kurzem verwehrt; sie dachten nicht einmal daran. Oder wollten sie nicht, weil sie nicht konnten?

Woher kommt es, daß gerade in unsrer Zeit einige Naturwissenschaften anfingen, sich gleichsam als eine Vorsehung m.b.H. zu betrachten? Manche könnten vielleicht sagen, das sei immer so gewesen und sei die eigentliche Aufgabe der Medizin zu allen Zeiten. Das ist richtig und falsch. Ein Kind kann mit einem Gummiball weniger Schaden anrichten als mit einer Handgranate. Als ich klein war und Halsschmerzen hatte, und der Kinderarzt kam an mein Bett, klopfte mir gütig auf die Schulter und verschrieb völlig wirkungsloses Gurgeln mit Kaliumpermanganat, so war das vielleicht auch ein Kampf gegen das Schicksal; aber das Schicksal meint es im allgemeinen gut mit kleinen Buben, die Halsweh haben.

Solange die Wege der Vorsehung als unergründlich betrachtet wurden, war es besser bestellt um das menschliche Schicksal: es lief in den unsichtbaren Schienen einer rätselhaften Welt. Aber der Gläubige bezog aus seinem Innern eine ungetrübte Klarheit. Am 29. Mai 1867 beantwortete Kardinal Newman den Brief einer dem Tode nahen jungen Nonne, die ihm geschrieben hatte, trotz speziellen Gebeten für ihre Heilung werde sie immer kränker. Newman schrieb:

> My dear Child,
> It is no want of faith in you to put yourself simply into the hands of our dear Lord, that He may do with you what He will. He must not be supposed to turn a deaf ear to prayer, because He answers it in His own way. It is impossible that a blessing should not come to you in consequence of so many prayers made for you – and if He does not give the very favour asked for, it is because He has it in purpose to give you a greater. Any how, you are His – und prayer will make you more fully His. . . .[6]

Bald darauf war die junge Frau tot. Hätten ihr Kobaltbombe und Chemotherapie mehr geholfen als Gebete?

Jedenfalls betrachten wir jetzt die Wege der Vorsehung als durchaus ergründlich; noch ein paar Milliarden und wir haben es geschafft. Die als Sterbefabriken aufgeputzten Spitäler, die einer zornigen Gottheit errichteten Tempel, genannt Krebsforschungsinstitute, die den ratlosen Männern in weißen Kitteln gezollte Verehrung: alles zeugt von dem Aufstieg einer neuen Weltmacht, die Macht hat über Geldbeutel und Tod. Und dennoch: je rauher die Mittel, mit denen man dem Tod zu Leibe rückt, um so rauher der Tod.

Die Unterscheidung zwischen Heilung, Rettung und Erwekkung war niemals leicht. Selbst die Evangelien erzählen uns nichts über den zweiten Tod des Lazarus, und doch waren es damals wirkliche Wunder; nicht die Wunder mit zwei Dezimalen, die unsere Wissenschaften ausposaunen. Zu verhindern, daß der Patient vor Bezahlung der Rechnung stirbt, ist nicht die edelste Aufgabe der Heilkunst. Diese scheint ja auch einem höhern Auftrag entgegenzuleben, der Ausschaltung des Fatums. Die Übervölkerung der Welt und die darauf folgende Ausrottung der von der Medizin Geretteten in einem Nuklearkrieg muß der Verehrer der Rationalität in Kauf nehmen. Ich wollte, es wäre anders, aber mir erscheint es so.

Die zum Teil wahrhaftig tollen Versuche, die lebendige Welt in ein genetisches Gulasch zu verwandeln, von denen man jetzt liest, lassen die Frage aufkommen, ob die Forscher sich wirklich Rechenschaft davon geben, wonach sie streben. Den Naturwissenschaften scheint das Gefühl für ihre Winzigkeit verlorengegangen zu sein; sie haben in unserer zerrütteten Gegenwart ein geistiges und moralisches Vakuum vorgefunden, das sie ausfüllen müssen.

Was geschehen ist – und es ist in unserer Zeit geschehen –, ist eine unvorstellbare Verkürzung der Zeitspanne zwischen wissenschaftlicher Beobachtung und technischer Anwendung oder, wenn man will, zwischen Entdeckung und Erfindung. Keine sieben Jahre bis zu Hiroshima! – und jetzt wären es nur drei. Die fieberhafte Hast der Anwendung steigert sich immer mehr. Es ist, als wenn ein Gleichgewichtsprinzip, das die Menschheit seit der Menschwerdung geleitet hat, plötzlich außer Betrieb gesetzt worden wäre. Die Räder spinnen wie wahnsinnig und werfen wahllos Produkte und Verbrechen, Heilmittel und Bomben, Spielzeuge und Pillen, neue Kleider und neue Naturgesetze auf einen Markt, der darauf beruht, daß alles so schlampig und schlecht gemacht ist, daß es fast sofort durch etwas noch Neueres und Schlechteres ersetzt werden muß.

Was den in einer ruhigern Wissenschaft Aufgewachsenen besonders berühren und ihm als eine wahre Gefahr für die Zukunft der Menschheit erscheinen muß, ist die fortschreitende Brutalisierung der wissenschaftlichen Einbildungskraft. Es ist die Bestialisierung der Phantasie, die es uns gestattet, die Schranken des wissenschaftlich Möglichen – und das ist leider für die meisten Ausübenden die Definition des ethisch Erlaubten – immer weiter vorzuschieben. Wenn aber die Barrieren einmal mobil werden, hören sie auf, das Land zu beschützen.

Als ich vor Jahren meine Warnung vor den Auswüchsen der genetischen Bastelsucht publizierte[4], kam das zum Teil auch aus einem Gefühl der Verantwortung, die ich für diese chemisch (und auch philosophisch) hochinteressante chemische Verbindung, DNS, empfand. Ich war ja an den Anfängen nicht unbeteiligt gewesen. Schreiben wir es also einer Art von väterlicher Verdummtheit oder Verliebtheit zu. Der Hohn, auf den ich stieß, war jedoch stärker und bitterer als erwartet. Darauf sagte ich mir sofort: »Da sind mehr als edle Prinzipien dahinter; es riecht nach einer Menge Geld«. Und wirklich; nach kurzer Zeit war alles klar, denn der Kult der habgierigen Schnelligkeit, von dem meine Generation noch verschont war, hat die genetische Forschung besonders ergriffen. Nur wenige Jahre nach dem ersten Hinweis, daß es möglich ist, ein Stück einer DNS auf eine fremde DNS zu pfropfen – also das zu erzeugen, was auf englisch *recombinant* DNA heißt – gibt es allein in den USA 219 Firmen, die sich mit Biotechnologie befassen. Darunter befinden sich alle großen chemischen und pharmazeutischen Aktiengesellschaften; aber unter den 219 gibt es 110 Firmen, die nur zu diesem Zweck gegründet worden sind. Zwischen März und Juli 1983, also in vier Monaten, sind 23 neue Biotechnologiefirmen dazugekommen, die 450 Millionen Dollar aufgebracht haben. Ich mußte den Schluß ziehen: mit soviel Kapital kämpft selbst die Dummheit vergebens.

Eine weitere Folge der schnellen Habgier, welche die Gentechnologie vorantreibt, ist die geradezu katastrophale Kommerzialisierung der Forschung auf diesem Gebiet in den USA. Nicht nur dürfen neu erzeugte Lebewesen jetzt patentiert werden, die großen Firmen haben sich auch in die wichtigsten Universitätslaboratorien hineingekauft, so daß freie Forschung eine Seltenheit geworden ist. Auch in den Forschungsstätten herrscht jetzt die Moral des Marktplatzes, mit ihren Verhüllungen und Entwendungen, mit ihren Aktienspekulationen.

Die bekannte englische Zeitschrift NATURE veröffentlicht alle paar Wochen einen speziellen Börsenbericht, der sich nur mit den wichtigsten genetischen Firmen und dem Wohl- oder meistens Übelbefinden ihrer Aktien befaßt. Vorläufig scheint nämlich bei keiner dieser Firmen ein Profit herausgekommen zu sein, aber das wird sich sicherlich ändern. Wo solche Riesenmengen von Kapital engagiert sind, muß etwas herauskommen, was den hilflosen Kranken für viel Geld injiziert werden kann.

VI

Ich habe von der Brutalisierung der wissenschaftlichen Phantasie gesprochen, zu der die neuerdings möglich gewordene Mißhandlung der Erbelemente von Lebewesen mehr als irgend etwas anderes beigetragen hat. Es ist also nicht überraschend, daß die gleiche Roheit in andere Bereiche eingedrungen ist, insbesondere den der Entstehung des Menschen. Seit Menschengedenken waren Empfängnis und Schwangerschaft Bezirke der Scheu und Ehrfurcht, von denen man die Hände wegließ. Als Muster dafür, wie andere Zeiten dachten – und es waren wahrhaftig aufgeklärte Zeiten –, will ich hier ein Fragment aus dem wenig bekannten Gedankenbuch zitieren, das Friedrich Maximilian Klinger, der deutsche Dichter und russische General, zuerst in den Jahren 1803–1805 veröffentlichte. Es ist Fragment Nr. 213 [7]:

> Die meisten Menschen sterben, ohne nur ein Wort davon zu wissen, daß sie durch ein unbegreifliches Wunder gezeugt worden sind, durch ein ebenso großes Wunder gelebt haben und von nichts als den erstaunungsvollsten Wundern der Natur umgeben waren. Sie ahnden gar nicht, daß sie ihre Tage auf einem Schauplatz voller Zauberschlösser zugebracht haben, deren herrliche Erscheinungen und Wunder keine Einbildungskraft erreicht, kein Verstand durchdringt, kein Gedächtnis faßt und keine menschliche Zunge nennt. Wer die Natur durch ihre großen Historiker und die Beobachtung selbst nicht kennt, der geht aus dem Grabe im Mutterleib in das Grab der Erde hinüber, ohne daß sich der Schleier vor seinen Sinnen verdünnt hat, und ich weiß nicht, wie er die Wunder jener Welt ansieht und erkennt, da er in dieser ein Fremdling geblieben ist und sozusagen ohne Maßstab ankömmt.

Mit den Wundern und Zauberschlössern ist es endgültig vorbei, das »Grab im Mutterleib« ist mittels Reißverschluß leicht zugänglich. So zum Beispiel die folgende Meldung der New York Times (in meiner Übersetzung):

> *Embryo-Übertragungs-Baby geboren*
>
> *Los Angeles*, 24. März 1984 – Wie die Ärzte mitteilen, wurde ein »schönes kleines Mädchen« von einer unfruchtbaren Frau geboren. Diese hatte den Embryo von einer andern Frau erhalten.
>
> Die Namen der Eltern des Babys wurden geheimgehalten, um ihr Privatleben zu beschützen. Dies wurde mitgeteilt von Michael Eberhard, Vizepräsident der Firma Memorial Health Technologies, welche beabsichtigt, in diesem Sommer in Long Beach eine Klinik zu eröffnen, um unfruchtbaren Ehepaaren zu Kindern zu verhelfen.

Das erste Baby dieser Art, im Jänner geboren, war ein Bub. Gemäß den Angaben von Dr. John Buster von der University of California in Los Angeles, dessen Team die Technik der Embryoübertragung entwickelt hat, sind die Eltern ein im Berufsleben stehendes Ehepaar in den Mitt-Dreißigern. Die Frau, die den Embryo hergab, ist eine Mutter in der Mitte der Zwanziger.

Im Prozeß der Embryoübertragung wird die Spenderin künstlich befruchtet mit dem Sperma des Gatten der unfruchtbaren Frau. Nach fünf Tagen wird der Embryo aus der Gebärmutter der Spenderin ausgewaschen und in den Uterus der Empfängerin übertragen, wo er sich bis zur Geburt entwickelt.

Mr. Eberhard sagte, daß Memorial Health Technologies die Absicht haben, mehrere Kliniken im Land zu eröffnen, und daß sie gerade dabei sind, den Prozeß der Embryoübertragung und die dazu nötigen Apparaturen zu patentieren.

Den Rest der Meldung lasse ich aus, denn er tut nichts zur Sache. Den meisten Zeitungslesern wird der Bericht ohnedies eher harmlos vorkommen; seit März 1984, als er erschien, haben sie noch ganz andere Dinge dieser Art zu hören bekommen. Aber wenn dieses auch nicht das modernste unter Klingers Zauberschlössern ist, es hätte ihn doch erstaunt. Wer ist hier der Vater, wer die Mutter? Und gar das Wort Gebärmutter! Wie viele Gebärmütter und wie viele Gebärväter haben eigentlich da mitgemischt? Zum Beispiel der Gatte der jungen »Spenderin«, der Fünftagesmutter. Wer sich mit dem Mysterium dieser *maculata conceptio* auseinandersetzt, dem wird übel. Das eigentlich Reale an dem ganzen Zeug ist der Chef der Firma, der Herr Eberhard. (Schade, daß er nicht Storch heißt.) Der weiß, was er will: den kinderlosen Paaren zu niedlichen kleinen Kindern verhelfen, sich aber zu noch niedlicherem großen Geld. Jedenfalls sehe ich ein neues Motiv für die Darstellung einer »Verkündigung«: anstelle des Engels erscheint hier der Briefträger mit einer Rechnung. Ist unsere Zeit wirklich die erste, die zur Abfassung »schlechter Botschaften« – nennen wir sie Kakangelien – berufen ist?

Unter sein 43. Capricho schrieb Goya: »El sueño de la razon produce monstruos« (Der Traum der Vernunft erzeugt Scheusale). Wenn ich was jetzt in der Wissenschaft vorgeht betrachte, wäre ich geneigt, den Satz umzudrehen: »Der Traum der Scheusale erzeugt keine Vernunft.« Denn wenige Tage danach, am 28. März 1984, las ich von der Produktion eines Babys, das aus einem in tiefgefrorenem Zustand aufbewahrten Embryo hervorgegangen war. Ich glaube, das war in Melbourne. In der Gefriertruhe sitzen also jetzt nicht nur Erbsen und Koteletts, sondern auch Urmenschlein aller Arten. Denn der menschliche Embryo ist ein Mensch, wenn er auch jetzt an vielen Orten ein Versuchsobjekt geworden ist; etwas, was früher, glaube ich, undenkbar gewesen wäre.

Während man weggeschaut hat, haben sich also bereits Embryobanken eröffnet, in denen gefrorene Embryos feilgehalten werden. Ich nehme an, daß der Handel mit diesem »Material« blüht und »instant babies« für alle Ansprüche zu haben sind. Ganz unberührt von allen Fragen der Theologie oder der Ontologie bietet sich die in-vitro-Befruchtung auch als Quelle des interessantesten Versuchsmaterials an. Die »Retortenbabys« haben nichts mit Retorten und wenig mit Babys zu tun – aber ist es nicht eine Lust zu leben? Sobald der Finger des Forschers das Leben berührt, zieht sich dieses in Regionen zurück, in die wir ihm nicht folgen können; aber reden und schreiben kann man immer darüber, dicke Arbeiten mit vielen lehrreichen Diagrammen.

Wenn das Unsagbare sagbar wird, das Undenkbare denkbar, das Unerwünschte ersehnt, das Verbotene erlaubt, so geschieht das immer mit Hilfe der Methode der kleinen Schritte. Darin besteht die Sophistik der Wissensaufhäufung. Was macht schon ein Härchen? Plötzlich aber trägt Apollo einen Totenkopf.

VII

Die tiefsinnige deutsche Sprache – sie verfällt immer mehr in Tiefsinn, wie ihre Sprecher leerer werden, und bald wird man sie überhaupt nicht mehr hören – also die hinterhältige deutsche Sprache unterscheidet zwischen »zeugen« und »erzeugen«. Letzteres ist fast sinnverwandt mit »produzieren« und »fabrizieren«; handelt es sich aber um die bis vor kurzem einzige Art der Fortpflanzung des Menschen, so bietet sich das Verbum »zeugen« an. Der Bedeutungswandel, der das Wort auf den Vater beschränkt, liegt nicht weit zurück. Die Luther-Bibel 1545 übersetzt Hohes Lied 8,5: »... da mit dir gelegen ist/die dich gezeuget hat«*; und noch bei Goethe lautet Vers 9 der *Pandora*: »Denn Epimetheus nannten mich die Zeugenden.«

Es übersteigt meine Kompetenz, mehr zu tun als darauf hinzuweisen, daß die Unterscheidung zwischen den Begriffen »zeugen« und »erzeugen«, wobei für dieses auch »machen« und »erschaffen« stehen können, in der Christologie eine große Bedeutung besitzt. Im Englischen, das ebenfalls zwischen »to beget« und »to make«, »to produce« oder »to create« unterscheiden muß, lautet eine Stelle des Abendgebetes im anglikanischen Gebetbuch: »The son is of the father alone: not made nor created, but begotten« (Second Prayer Book of Edward VI).

Das bezieht sich natürlich auf Jesus Christus und auf Gott. Aber wenn wir es auf die Menschheit ausdehnen und sagen, die Kinder seien von den Eltern allein; weder gemacht noch erschaffen, sondern gezeugt – ist das noch wahr in unserer toll gewordenen Welt? Nicht nur, daß Quacksalber aller Farben ihre Nasen in alles hineinstecken, was sie nichts angeht; nicht nur, daß mit höchsten Graden gesalbte Haruspizes dem ungeborenen Kind aus seinen Chromosomen eine finstere Zukunft herauslesen; nicht nur, daß man jetzt in Amerika auch den Geschlechtsverkehr bei Spezialisten lernt: auch die Kinder

* In der Revision des Jahres 1912 lautet die Stelle: »... da ist dein genesen deine Mutter, die dich geboren hat«.

werden jetzt fabriziert, zusammengeleimt aus diesem und jener in einer sorgfältig gepufferten und mit diversen Chemikalien versehenen Flüssigkeit. Dann wird das seltsame Gemüse schnell eingefroren. Wenn die unreine, thermostatisch noch nicht regulierte Wärme des Mutterbauches eine Hilfsrolle spielt, so ist das nur vorläufig. Bald wird man die Funktion des Vaters und der Mutter auf die Spende von DNS beschränken; und ein bißchen später wird man auch diese – o glücklicher Augenblick! – synthetisch herstellen.

Wann hat die grauenhafte Verdinglichung des Menschen angefangen? Wahrscheinlich, als die Herabsetzung des Menschenbildes auf seine natürliche Größe, nämlich die eines intelligenten Affen, begann, also mit Darwin. Selbst dann dauerte es noch lange Zeit, bevor unsere Angstträume nicht mehr Schritt halten konnten mit der Wirklichkeit. Mit Freud begann der erste unverschämte Versuch der Einmischung in das Privatleben des Menschen; die Einbildungskraft des einzelnen wurde ein Indiz für sein Kranksein. Für den Arzt war der Kranke immer eine Sache gewesen, Material eines Handwerks oder einer Forschungsarbeit; aber den Priestern des Aeskulap, den Schülern des Galen wird er anders erschienen sein als den gegenwärtigen Produkten unserer Arztfabriken. Obwohl die Bestrebungen schon lange dahin gingen, aus allen Menschen Patienten zu machen, hinkten die biologische und medizinische Forschung und Praxis noch eine geraume Zeit nach, aber jetzt haben sie aufgeholt. Die Fabrikation des Menschen hat angefangen, und bald wird er patentierbar sein.*

VIII

Was geht in dem Forscher vor, der sich in Räume wagt, von denen sein eigenes Gefühl ihm vielleicht sagt, daß er sie nicht betreten sollte? Nichts geht in ihm vor, ist meine Antwort;

* Wenn der erste unglückliche Säugling, dem vor ein paar Tagen das einem unseligen Äffchen entrissene Herz eingepflanzt wurde, überlebt hätte, wäre das Produkt wahrscheinlich patentfähig gewesen.

kein Gefühl sagt ihm etwas, er arbeitet für sein tägliches Brot. Er kommt frühmorgens ins Labor, wie ich selbst es fünfzig Jahre getan habe, und abends geht er nach Haus. Solange er unselbständig ist, hat er kaum einen Einfluß darauf, was ihm aufgetragen ist. Meistens kann er sich nicht einmal das Arbeitsgebiet und den Arbeitsplatz aussuchen, sondern muß nehmen, was er kriegt. Später ist es zu spät: er ist in eine Schlinge geglitten, die ihn, sollte er um sich werfen, erwürgt. So macht er gute Miene zu einem Spiel, das für gut zu halten er vorgeben muß.

So ist er schließlich ein ordentliches Mitglied der naturwissenschaftlichen Gemeinschaft geworden, und diese – geheimnisvoll und undurchsichtig wie alle Pfützen, in denen viele Menschen zusammenfließen – hat ihm, wie allen andern, das Denken abgenommen. Er denkt im Chor. Diese Pfütze, dieser Teich mag Gentechnologie heißen oder Eurodollars, Kafkainterpretation, Makroökonomie oder Nervengase. Im 17. und 18. Jahrhundert hätte sie auch Sklavenhandel heißen können oder Gegenreformation. Sicherlich hat diese andere Typen angezogen als jener, aber vielleicht waren sie gar nicht so verschieden. Bald schnattern alle Enten im Teich auf der gleichen Skala; und wenn die eine oder andere nicht mitmacht, so erklärt die öffentliche Meinung des betreffenden Teiches, sie habe nicht die nötige Begabung.

»Ihr werdet sein wie die Götter«, sagte die Schlange, denn sie war, wenigstens in der Vulgata, keine Monotheistin. Der einzelne Gentechnologe oder Giftgasforscher will kein Gott sein; eher möchte er eine unkündbare Anstellung. Später wird er scharwenzeln, um in die Akademie zu gelangen. Mitten auf dem Brocken geht es also höchst unschuldig zu. Dennoch muß es einen Grund haben, warum in verschiedenen historischen Zeiten die Bestrebungen der Menschen in so verschiedene Richtungen gegangen sind. Da wird man aber, fürchte ich, schon die soeben genannte Schlange fragen müssen, unter deren vielen Pseudonymen »Zeitgeist« eines der liebsten ist.

Nun ist die Suche nach Gründen, nach Ursachen immer eine

der Hauptaufgaben der Wissenschaften gewesen. In einer davon habe ich selbst mich lange herumgetrieben; und wenn Kafka recht gehabt hat, als er einmal sagte, nur ein gerissener Wilddieb könne ein so strenger Waldhüter sein, sollte ich etwas von den Beweggründen verstehen, die einen Molekularbiologen oder Genetiker vorantreiben, wenn er den Erbapparat des Menschen zu verändern versucht. So, wie eine neue Art von Kupplung den Automobilingenieur interessiert, ist es einfach »ein höchst attraktives Problem«. Anziehende wissenschaftliche Probleme sind nämlich diejenigen, die einen winzigen Schritt über das als machbar Erwiesene hinausgehen. Immer wieder ist es die bereits erwähnte Methode der kleinen Schritte. Aber vor den Zeitrafferaugen der Gegenwart können viele kleine Schritte sehr bald zu enormen Katastrophen zusammenwachsen. Der einzelne ist so unschuldig wie Eva, als sie in einen Golden-Delicious-Apfel biß, der übrigens auch weder golden noch deliziös war.

Man kann nicht sagen, daß unsre Zeit wissenschaftstrunken ist; sie ist nur einigen Naturwissenschaften hörig geworden, nämlich denjenigen, die einen Angriff auf die Natur, einen Raubzug gegen die Natur möglich machen. Ist es ein Zufall, daß der Aufstieg dieser Wissenschaften mit dem des Kapitalismus mehr oder weniger zusammenfällt? Als Kolonialismus und Imperialismus begannen, begann auch die aggressive Naturforschung, bedingt durch die gleichen ökonomischen und sozialen Veränderungen in Europa, die ihren Ausdruck in jenen politischen Bestrebungen fanden. Zeitliche Nachbarschaft ist gewiß keine hinreichende Erklärung, aber mehr weiß ich nicht zu sagen, außer darauf hinzuweisen, daß andere Kulturen außerhalb Europas einen ganz anderen Weg gegangen sind. Daß das Tempo und die Virulenz der Aggressivwissenschaften sich in den letzten fünfzig Jahren derart gesteigert haben, muß mit dem sich in Riesenkriegen, Blutbädern, Ausrottungen und Verbrechen ausdrückenden allgemeinen Verfall zusammenhängen. In diesem Sinne wäre die Blüte der Naturforschung eine Art von Schimmel auf dem Leichnam einer Zeit.

IX

Wenn jemand fragt – und ich tadle ihn nicht–: Hat dieser Klagegesang irgendeinen Sinn?, so kann ich nur antworten: Soviel Sinn wie der Atem. Man muß sich Luft machen; ohne zu atmen, können wir nicht leben. In einer Zeit, in der die Meinungsmasseure nur das darbieten, wovon sie denken, daß die Mehrheit es hören will, während diese hinwiederum nur das glaubt, wovon man ihr sagt, daß sie es glaubt, in so einer Zeit hat der aus der Art geschlagene Einzelne die undankbare Pflicht, gegen den Wind zu reden. Es ist wahr, lernen können wir aus Büchern nur selten: wir nehmen auf, was schon in uns ist.

Wer gegen die sogenannte Wissensexplosion etwas einzuwenden hat, wer gegen die klappernde Mechanisierung alles dessen auftritt, was in der Vergangenheit hinter dicken Wänden vor sich ging, erweist sich als ein später, lächerlicher Abkomme der Ludditen. Die Maschinenstürmer sind in der Geschichte hängengeblieben als Blutzeugen trauriger Impotenz. Wer weiß, wie es in tausend Jahren aussehen wird? Vielleicht werden jene unzeitgemäßen Jammererscheinungen als Vorläufer gefeiert werden. Wer zuletzt lacht, weint.

Es kann nämlich nur darauf ankommen, Zeugenschaft zu leisten, »to be on record«, wie es auf englisch heißt. Das hat schon Kierkegaard eingesehen; dennoch schrieb er lange Bücher, um seiner Zeit zu sagen, daß sie untergeht. Es ist noch immer derselbe Untergang, in dem auch wir leben; nur drehen sich die Räder immer schneller. Was kann der einzelne sonst tun als Zeugnis abzulegen? Der einzelne ist immer eine komische Figur, und doch ist Einsamkeit die Form, in der ein jeder geboren wurde, in der er stirbt. Was macht das also, solang die Zeugenaussage klar und hörbar ist?

Mir erscheint es zweifellos, daß manche Naturwissenschaften – und noch mehr, der Drang, der sie antreibt – eine Gefahr für die Zukunft der Menschheit geworden sind. Daß die Ausübenden vorgeben, und vielleicht auch glauben, daß sie für das

Wohl der Menschheit arbeiten, spielt keine Rolle. Es gibt keine heitern Tyrannen; ernst, ja schwermütig, arbeiten sie alle für das Wohl der Menschheit. Mit der Spaltung des Atomkerns, mit der Mißhandlung und Ausbeutung des Zellkerns hat unsere Zeit Experimente erlebt, die weisere Zeiten als verboten betrachtet hätten. Und es geht weiter auf diesem Wege. Der Konsensus, der den Fortschritt bejubelt, kommt von der Ratlosigkeit des einzelnen; er braucht etwas, was er anbeten kann, und erkennt in den Naturwissenschaften die bequemste Religion.

Ob die genetischen und generativen Experimente, von denen dieser Aufsatz handelt, früheren Epochen als legitime Naturforschung erschienen wären oder ob sie sie als verboten angesehen hätten, weiß ich nicht. Daß es so nicht weitergehen kann, aber weitergehen wird, ist ein Gefühl, das in manchen Trostlosigkeit erzeugen muß. Es hat sicherlich in der Vergangenheit Gesellschaften gegeben, denen die Idee eines Magazins für gefrorene Embryos so absurd, ja verrucht vorgekommen wäre, daß niemand auch nur daran hätte denken können, gar nicht zu reden von dem Versuch, das Genreservoir der Menschheit zu verändern. Bald aber, wenn Affen mit Menschengesichtern auf Raumplattformen um die Erde kreisen, wird keine Sehnsucht nach der kleinen unvollkommenen Kugel ihr Paviansherz erschüttern.

Immer aber bleibt die Frage: wie muß der Mensch aussehen – der einzelne Forscher, das Team, der Transplantationschirurg –, der es sich anmaßt, Vorsehung zu spielen? Viele schwere Schicksale haben die Menschen in ihrer langen Geschichte getragen; die Sphäre ihres Leids ist so groß wie das Weltall. Jetzt aber soll es den biologischen Ombudsmann geben, und er mißt Unermeßlichkeiten mit dem Zentimetermaß. Wie muß dieser Ombudsmann aussehen, damit ich ihm nicht nur seine Kompetenz, sondern auch die Ermächtigung glaube, jene auszuüben?

Die Grenze zwischen Heilung und Sakrileg, zwischen Rettung und Vivisektion ist nicht klar gekennzeichnet; nur das

Gewissen des einzelnen kann darüber entscheiden, nicht die öffentliche Meinung. Mein Mindesterfordernis für den legitimen Thaumaturgen ist die völlige Anonymität. Er grüßte und verschwand.

Anmerkungen

1 G. C. Lichtenberg, Schriften und Briefe (Hrsg. W. Promies), 2. Bd., S. 146 (Hanser, München, 1971).

2 E. Chargaff, Unbegreifliches Geheimnis (Klett-Cotta, Stuttgart, 1980), S. 144.

3 E. Chargaff, Warnungstafeln (Klett-Cotta, Stuttgart, 1982), S. 29, 54.

4 E. Chargaff, *Science* (1976), 192. Bd., S. 938.

5 K. Kerényi, Die Mythologie der Griechen (Rhein-Verlag, Zürich, 1951), S. 105.

6 J. H. Newman, A Packet of Letters (ed. J. Sugg, Clarendon Press, Oxford, 1983), S. 164. – »Mein liebes Kind, Du ermangelst nicht des Glaubens, wenn Du Dich einfach in die Hände unseres lieben Herrn legst, damit Er mit Dir mache, was Er will. Man darf nicht vermuten, Er sei taub geblieben gegenüber Deinem Gebet, weil Er es auf Seine eigene Weise beantwortet. Es ist unmöglich, daß Dir ein Segen nicht zuteilwerden sollte als Folge von so vielen Gebeten, die für Dich gebetet wurden – und wenn Er Dir die erbetene Gunst nicht bezeigt, so ist es, weil Er Dir eine größere zu schenken gewillt ist. Jedenfalls bist Du Sein – und Gebet wird Dich noch mehr Sein machen.«

7 F. M. Klinger, Betrachtungen und Gedanken (Verlag der Nation, Berlin, 1958), S. 436.

Namensverzeichnis